量子力学

前沿应用
（上册）

张时声 耿立升 等◎著

上海交通大学出版社
SHANGHAI JIAO TONG UNIVERSITY PRESS

内容提要

本书聚焦量子力学中的方法论在核物理与核天体物理前沿课题中的应用,研究范围小到费米尺度的原子核及其在极端条件下的新物理和新现象,大到半径在 10 公里左右的中子星,涉及从微观到宇观的前沿热点问题。本书基于量子力学的基本原理和方法论,融合作者团队的最新研究成果,以专题的形式介绍量子力学方法论在 5 个方面的前沿应用,包括变分法及其在对关联中的应用、量子散射 Glauber 理论及其对晕核反应可观测量的描述、量子电磁辐射跃迁理论及其在俘获反应中的应用、量子力学的半经典 WKB 近似及其对核子衰变宽度的描述,以及相对论平均场理论在中子星物理中的应用。本书可作为高等学校和研究院所的量子力学教材,供大学高年级本科生、研究生和相关科技工作者阅读参考。

图书在版编目(CIP)数据

量子力学前沿应用. 上册/ 张时声等著. —上海:
上海交通大学出版社,2022.8
ISBN 978－7－313－26766－5

Ⅰ.①量… Ⅱ.①张… Ⅲ.①量子力学—研究 Ⅳ.
①O413.1

中国版本图书馆 CIP 数据核字(2022)第 077073 号

量子力学前沿应用(上册)

LIANGZILIXUE QIANYAN YINGYONG(SHANGCE)

著　者：张时声　耿立升 等
出版发行：上海交通大学出版社　　　　地　址：上海市番禺路 951 号
邮政编码：200030　　　　　　　　　　电　话：021－64071208
印　制：上海新艺印刷有限公司　　　　经　销：全国新华书店
开　本：710 mm×1000 mm　1/16
字　数：110 千字　　　　　　　　　　印　张：7
版　次：2022 年 8 月第 1 版　　　　　　印　次：2022 年 8 月第 1 次印刷
书　号：ISBN 978－7－313－26766－5
定　价：39.00 元

序

　　量子力学自从其确立时起,对整个物理学的发展,掀起了翻天覆地的变化,迅速地应用于粒子物理、核物理、原子分子物理、凝聚态物理、光学、等离子体物理、天体物理、宇宙学等领域,几乎成为现代物理学各个分支学科的理论基础。同时,量子力学还广泛应用于化学、生命科学、计算机技术、电子工程、通信工程等其他自然科学领域及工程技术领域,成为现代科学与技术的共同重要基础。

　　因此,世界各国的高等教育都把量子力学列为重要的基础课程之一。各种版本的量子力学书籍不断出版,不断更新。国外有狄拉克的《量子力学原理》、梅西亚的《量子力学》、费曼的《费曼物理学讲义》(第三卷)和朗道的《量子力学(非相对论理论)》等;国内有苏汝铿的《量子力学》、程檀生的《现代量子力学基础》,以及多次再版的曾谨言的《量子力学》等。此外,还出版了不少高等量子力学,如杨泽森的《高等量子力学》、马中玉和张竞上的《高等量子力学》,以及倪光炯和陈苏卿的《高等量子力学》等。但是,关于如何运用量子力学去研究具体科学问题,特别是,讲述如何运用量子力学去研究前沿科学问题的书籍并不多见。本书正是在这方面所做的努力尝试。

　　本书的两位主要编著者张时声和耿立升教授,有着多年从事核物理和天体物理研究经验的积累、多次到欧美发达国家的大学和研究所访问和交流合作的经历,并主持和参与过多项国家自然科学基金项目。这样,再结合他们多年量子力学的教学经验,来系统总结量子力学在核物理和天体物理前沿课题中的应用,是非常合适的。

本书上册从五个方面介绍了量子力学方法在核物理和天体物理中的应用。第一,大致介绍了处理对关联的 BCS 理论框架,然后针对粒子数不守恒问题,引入"先变分后投影"以及"先投影后变分"两种方法,分析各自的优缺点,推荐使用恢复粒子数对称性的"先投影后变分"的 BCS 方法,即 FBCS 方法,并将此方法应用到预言丰中子同位素链的滴线核位置。其中,有关投影与变分顺序对结果影响的讨论,是很值得读者品味的。当然,读者还可以自行考虑投影后空间的完备性。第二,本书基于量子力学中的散射理论,从 Lippmann - Schwinger 方程出发,介绍了 Eikonal 近似求解散射振幅的主要公式,进一步得到 Glauber 模型;结合微观核结构理论给出的结构信息,描述丰中子氖同位素打碳靶反应的实验可观测量,考察反应后的纵向动量分布,提出了首个 p 波晕核^{31}Ne 的结构和反应形成机制,完成从核结构理论到核反应的统一描述。第三,书中介绍了宇宙星系演化过程中,元素形成的路径上一些关键核素的重要作用。这些核素结构性质的差别却可以使星系演化和元素形成路径发生天壤之别的变化,从而引起元素丰度的不确定度具有数量级的差异。因此,用量子力学的电磁辐射理论研究这些大多为不稳定的关键原子核的电磁跃迁截面,约束核天体网络方程的输入参量核反应率,有助于降低元素丰度的不确定度。这里巧妙地利用了核反应的细致平衡原理,把宇宙中进行的但在实验室很难实现的核反应与实验室可以进行的逆反应联系起来。再利用电磁辐射理论,从逆反应中提取这些不稳定核的信息。这是研究天体演化中的核反应时经常运用的方法,很值得读者认真阅读。第四,介绍了半经典 WKB 近似的原理和主要公式;然后,以中子俘获反应为例,比较了 WKB 近似与渐近解析解这两种方式给出的穿透因子和总反应截面的差别,指出估算共振截面的 Breit - Wigner 公式中的中子衰变宽度必须是能量依赖的,否则在低于共振能量区域将给出非物理结果;研究表明 WKB 近似适用于处理势垒贯穿问题,可广泛用于核反应及恒星演化的核合成过程。第五,简要介绍了协变的能量密度泛函理论——相对论平均场(RMF)理论,并运用它得到中子星物质状态方程,再进一步应用广义相对论流体引力平衡方程得到中子星的质量-半径关系。在此基础上,读者可考虑其他粒子及其相互作用,也可以考虑外磁场,研究中子星的超流态等重要前沿课题。在这里,实现了量子力学向量子场论的过渡,又在平均场近似下,与经典的引力理论结合,开展了对致密星体的研究,把量子力学的应用推向一个新的高度。对中子星等致密星体的研究,已经成为备受关注的当代自然科学的重要领域。

因此,通过阅读本书,读者可以在应用的背景下,学习量子力学的这些理论方法,并能对这些方法有更深入的理解。而这些应用的成果,大都已经发表在国际重要刊物上,也增加了对这些方法和应用的说服力。同时,还能让读者对现代一些科研的前沿领域有一定的了解。但是,本书又不同于对这些前沿领域的综述文章。这里侧重的是,对用到的量子力学方法,做深入浅出的较为细致的阐明,使得读者更容易阅读,在实践的过程中逐步进入该领域。

总之,本书作者在从应用中阐明量子力学方法论的尝试中,迈出了令人鼓舞的一步。希望他们能在本书的下册中,带给大家更多的惊喜;同时,也希望有更多的科研人员,加入这个尝试的队伍中。

赵恩广

壬寅年初夏

前　言

　　本书作者在北京航空航天大学主讲研究生课程《高等量子力学》和本科生《量子力学》十余年。选课同学来自物理学院、仪器光电学院、化学学院、材料学院、中法工程师学院等十几所学院。鉴于学生后期的应用背景不同，我们尽可能地将《量子力学》课程的知识点与不同学科有趣的前沿课题相结合。如此探索和坚持若干年后，这些"切入点"不仅丰富了我们的授课内容，延展了经典内容的知识点，也让学生切实体会到教学和科研结合的必要性。经过大家的共同努力，我们将这些基础理论与前沿应用的有趣结合不断整理出来，逐步形成了一份具有系统章节的讲义，希望和同行分享，并推动更多的人思考，起到抛砖引玉的作用。在机缘巧合下，有幸得到上海交通大学出版社的青睐，得以出版本书，实现作者的初衷。

　　本书分上、下两册。上册主要从量子力学在核物理和天体物理前沿课题应用的角度出发，介绍了 5 项前沿领域的重要工作。涉及的内容大多是作者最新研究成果，部分内容发表在美国《天体物理杂志》、欧洲《物理快报 B》、美国《物理评论 C》、英国《物理杂志 G》等重要国际刊物上。本书从理论基础到前沿应用，引导读者运用量子力学的基本思想和方法论，创造性地解决科学实际问题，践行"教研结合，以研促学"。本书实用性较强，读者可以根据需要，通过阅读专题的背景知识，快速找到自己感兴趣的部分进行研读。另外，读者可根据专题的理论框架和细节表述，通过实践得到相应的结果，达到自我提升的目的；也可以进一步结合其他方法论，创造性地剖析更深层次的物理问题，体会发现的乐趣。

　　本书上册由张时声与耿立升主持撰写。各章撰写人员如下：第 1 章，安荣、耿立升、张时声；第 2 章，钟诗怡、张时声；第 3 章，许思哲、张时声；第 4 章，许思哲、张时声；第 5 章，董潇旭、刘志伟、耿立升。另外，焦振威等参与本书稿初期的校对工作。感谢大家的辛勤付出。希望通过这种书面交流的方式，想读者所想，解读者之惑，为读者助力。

　　另外，特别感谢吕炳楠研究员和杨迎春博士对本书初稿的全面修改，感谢中科院理论物理研究所赵恩广研究员提出的宝贵建议。还要特别感谢北京师范大学何建军教授、南华大学李小华教授、扬州大学夏铖君教授对书稿第三章、第四章和第五章的校对和建议，感谢燕山大学孟旭博士为本书提供的晕核结构封面示意图。最后，衷心感谢北京航空航天大学研究生院和物理学院对本书出版给予经费上的支持！

　　何当得报三春晖？格物致理献社会。鉴于作者水平有限，如有不妥与疏漏之处，我们诚恳地希望读者给予批评和指正。

目　　录

第 1 章
变分法及其应用：对关联及粒子数守恒

　　1957 年，为解释固体物理中的金属超导（superconductivity）现象[1-2]，J. Bardeen、L. N. Cooper 和 J. R. Schrieffer 提出了 BCS 理论（Bardeen-Cooper-Schrieffer approximation）和库珀对（Cooper pair）概念，并取得了巨大的成功。随后在 1958 年，A. Bhor、B. R. Mottelson 和 D. Pines 指出了原子核具有与金属中超导现象相似的性质，提出了原子核的超导性[3]。

　　原子核内的核子具有配对倾向，称为"对关联"（pairing correlation）。对关联在实验中最突出的表现是原子核具有一系列奇偶差（odd-even staggering）的性质[3]，这种奇偶差同泡利不相容原理（Pauli principle）导致的阻塞效应（blocking effect）密切相关，比如：质量（或结合能）的奇偶差；能谱形状的奇偶差；转动惯量的奇偶差；核子转移反应截面的奇偶差。实验表明，相邻偶偶核基带之间的两核子转移反应有很大增强，而单核子转移反应则无此现象。其他呈现奇偶差异的现象还有很多。例如：一般偶偶核的相对丰度明显大于相邻奇偶核的，库仑位移的奇偶差在轻核中表现很明显，大形变核的高自旋态中的回弯现象也有系统的奇偶差异。这些实验证据都说明原子核中核子间存在对关联[2]。核超导性（对关联）概念的提出是核物理发展中的里程碑工作，对关联的存在说明核子间的剩余相互作用（residual interaction）中包含导致对关联的短程力。

　　处理核超导的理论方法通常是简单的 BCS 近似[1]。这个方法的实质是通过正则变换把单粒子态变为准粒子态,来考虑核子间的短程配对力。具体地,在二次量子化理论框架下,通过准粒子变换,并忽略准粒子间的相互作用,可推导出 BCS 对能隙方程。如此操作,将彼此间存在对相互作用的费米子多体系统近似地简化成一个无相互作用的准粒子体系。于是,原子核的基态则是核子两两成对的状态,拆散一对核子的状态可以用激发一个准粒子来描述。

需要指出,处理对关联的 BCS 近似应用在有限核描述中会遇到两个问题:

(1) BCS 试探波函数不是粒子数算符的本征态,会引起粒子数涨落,通常将之称为"粒子数不守恒"问题。由于原子核的粒子数不多,BCS 方法中固有的"粒子数不守恒"所造成的涨落有时不可忽略,尤其是对于轻核。

(2) 对力强度大于某个临界值时,才能给出非零解,导致不能很好地描述对关联较弱的原子核。

为了简便,本章以二次量子化理论为基础,用变分法推导出 BCS 对能隙方程,并提出 BCS 近似导致"粒子数不守恒"的问题;然后,通过粒子数投影的方法恢复对称性,并讨论"先变分后投影"和"先投影后变分"两种方式的优缺点,着重介绍先投影后变分的 FBCS(fixed particle number BCS)方法的理论框架;最后,分别采用 BCS 方法和 FBCS 方法,结合协变密度泛函理论——考虑轴对称形变的相对论平均场(deformed relativistic mean field, DRMF)理论,通过考察具体核素(如^{36}Ca)的中子对能随着对力强度的演化行为,讨论粒子数守恒与不守恒的差别,并用于研究"极端条件下的核物理"前沿课题之一——确定滴线(drip-line)的位置,理论预言丰中子一侧的滴线位置所对应的核素。

1.1 BCS 理论

如前所述,处理对关联的 BCS 理论最初是用来解释凝聚态物理中的金属超导现象的[1-2],随后应用于有限核的研究中[3]。实际上,BCS 理论可以很好地解释一些核物理的实验现象,例如:奇偶核的质量差、转动惯量的回弯和能隙等。下面,我们将在二次量子化理论基础上,简要介绍在多体系统中考虑对关联的 BCS 理论。

考虑全同费米子体系，假设粒子之间存在配对相互作用（pairing interaction）。采用二次量子化理论，用粒子的产生算符和湮灭算符表示多体系统的哈密顿量[4-5]：

$$\hat{H} = \sum_{k>0} \varepsilon_k (\hat{a}_k^\dagger \hat{a}_k + \hat{a}_{\bar{k}}^\dagger \hat{a}_{\bar{k}}) + \sum_{j_1, j_2>0} \overline{V}_{j_1, \bar{j}_1, j_2, \bar{j}_2} \hat{a}_{j_1}^\dagger \hat{a}_{\bar{j}_1}^\dagger \hat{a}_{\bar{j}_2} \hat{a}_{j_2} \tag{1-1}$$

式中，ε_k 表示单粒子态 k 对应能级的能量，$\hat{a}_k^\dagger$ 表示粒子产生算符，$\hat{a}_k$ 表示粒子湮灭算符。显然，单粒子能级 ε_k 为二重简并，即单粒子态 k 及其时间反演态 $\bar{k}$ 具有相同的本征能量 ε_k。哈密顿量中的第一项表示单体项，第二项表示两体项中的对相互作用。对于有限核系统来说，核子遵从 Fermi-Dirac 统计，产生算符和湮灭算符满足反对易关系：

$$\begin{aligned}
[\hat{a}_k, \hat{a}_j^\dagger]_+ &= \delta_{kj} \\
[\hat{a}_k, \hat{a}_j]_+ &= [\hat{a}_k^\dagger, \hat{a}_j^\dagger]_+ = 0
\end{aligned} \tag{1-2}$$

理论上，可以通过变分法得到对能隙方程，建立 BCS 理论框架。本书旨在引出"粒子数不守恒"问题及解决方案，所以不详述变分法得到 BCS 理论的具体过程，仅做简要介绍。需要了解细节的读者可参考曾谨言所著《量子力学》卷 II 的二次量子化理论部分[6]，自行推导验证。

首先，取 BCS 试探波函数（即体系基态波函数或准粒子真空态）：

$$| \text{BCS}\rangle = \prod_{k>0} (u_k + v_k \hat{a}_k^\dagger \hat{a}_{\bar{k}}^\dagger) | 0\rangle \tag{1-3}$$

u_k 和 v_k 为实数，分别表示粒子处于单粒子态 k 的未占有数振幅和占有数振幅，且满足波函数归一化条件 $u_k^2 + v_k^2 = 1$；$| 0\rangle$ 是裸真空态（bare vacuum state）。然后，采用"条件极值变分法"求解系统基态问题。引入拉格朗日乘子（Lagrange multiplier）λ，约束条件取为粒子数算符 $\hat{N}$ 在 BCS 试探波函数式（1-3）下的平均值为系统的总粒子数。再做如下变分以求解系统基态：

$$\delta\langle \text{BCS} | \hat{H} - \lambda\hat{N} | \text{BCS}\rangle = 0 \tag{1-4}$$

下面，先计算两个算符 $\hat{N}$ 和 $\hat{H}$ 的期望值。理论上 BCS 试探波函数式（1-3）不是粒子数算符 $\hat{N}$ 的本征态，但可以得到 $\hat{N}$ 的期望值，即

$$N_0 = \langle \text{BCS} | \hat{N} | \text{BCS}\rangle = \overline{\hat{N}} \tag{1-5}$$

在二次量子化理论下,粒子数算符可由粒子的产生和湮灭算符表示:

$$\hat{N} = \sum_{k>0}(\hat{a}_k^\dagger \hat{a}_k + \hat{a}_{\bar{k}}^\dagger \hat{a}_{\bar{k}}) \qquad (1-6)$$

作用在 BCS 试探波函数上,可得到粒子数算符的平均值:

$$\overline{\hat{N}} = \langle \mathrm{BCS} \mid \sum_{k>0}(\hat{a}_k^\dagger \hat{a}_k + \hat{a}_{\bar{k}}^\dagger \hat{a}_{\bar{k}}) \mid \mathrm{BCS} \rangle = \sum_{k>0} 2v_k^2 \qquad (1-7)$$

考虑单粒子态及其时间反演态二度简并,占有概率 v_k^2 前的因子表明简并度为 2。

约定对作用强度 G 为正,取密度依赖的对力强度 $\overline{V}_{j_1,\bar{j}_1,j_2,\bar{j}_2} = -G$,负号表示对力为吸引作用,经过推导可得到哈密顿量在 BCS 试探波函数式(1-3)下的平均值,即体系总能量:

$$E = \langle \mathrm{BCS} \mid \hat{H} \mid \mathrm{BCS} \rangle$$

$$= \sum_{k>0} \varepsilon_k \langle \mathrm{BCS} \mid (\hat{a}_k^\dagger \hat{a}_k + \hat{a}_{\bar{k}}^\dagger \hat{a}_{\bar{k}}) \mid \mathrm{BCS} \rangle - G \sum_{k,j>0} \langle \mathrm{BCS} \mid \hat{a}_k^\dagger \hat{a}_{\bar{k}}^\dagger \hat{a}_{\bar{j}} \hat{a}_j \mid \mathrm{BCS} \rangle$$

$$= 2\sum_{k>0} \varepsilon_k v_k^2 - G\left(\sum_{k>0} u_k v_k\right)^2 - G\sum_{k>0} v_k^4 \qquad (1-8)$$

实际上,对系统能量 E 和粒子数平均值 N_0 取变分,归结为对 BCS 波函数取变分,也就是对占有概率振幅 v_k 取变分。将式(1-7)和式(1-8)代入式(1-4)后,经过简单推导可得

$$4(\varepsilon_k - \lambda)v_k - 2G\left(\sum_{j>0} u_j v_j\right)u_k - 4Gv_k^3 - \frac{v_k}{u_k}\left[-2G\left(\sum_{j>0} u_j v_j\right)v_k\right] = 0$$

$$(1-9)$$

定义对能隙(pairing gap)Δ:

$$\Delta = G\sum_{j>0} u_j v_j \qquad (1-10)$$

并重新定义单粒子能级 ε_k:

$$\varepsilon_k = \varepsilon_k - \lambda - Gv_k^2 \qquad (1-11)$$

式中,λ 为化学势或费米能(Fermi energy)。略去式(1-9)中的高阶 $o(v_k^3)$ 小项,经过简单推导得到 BCS 方程:

$$2\varepsilon_k u_k v_k + \Delta(v_k^2 - u_k^2) = 0 \tag{1-12}$$

对式(1-12)做移项，两边平方整理可得到占有概率的表达式：

$$v_k^2 = \frac{1}{2}\left(1 \pm \frac{\varepsilon_k}{\sqrt{\Delta^2 + \varepsilon_k^2}}\right) \tag{1-13}$$

此处利用了波函数归一化条件 $u_k^2 + v_k^2 = 1$。物理上，当单粒子能级 ε_k 趋于无穷大时，占有概率 v_k^2 为零，故舍去正号项，则有

$$v_k^2 = \frac{1}{2}\left(1 - \frac{\varepsilon_k}{\sqrt{\Delta^2 + \varepsilon_k^2}}\right) \tag{1-14}$$

相应的非占有概率的表达式为

$$u_k^2 = \frac{1}{2}\left(1 + \frac{\varepsilon_k}{\sqrt{\Delta^2 + \varepsilon_k^2}}\right) \tag{1-15}$$

至此，在给定单粒子能级 ε_k 的情况下，若已知对能隙 Δ 和费米能 λ，则可通过式(1-14)得到单粒子能级 ε_k 的占有概率 v_k^2，从而得到 BCS 试探波函数，也就是体系的 BCS 基态波函数。另外，由于准粒子湮灭算符作用到 BCS 试探波函数上为零，因此 BCS 基态又称为准粒子(quasi-particle)真空态。

通过联立对能隙方程：

$$\Delta = G\sum_{j>0} u_j v_j = \frac{G}{2}\sum_{j>0} \frac{\Delta}{\sqrt{\varepsilon_j^2 + \Delta^2}} \tag{1-16}$$

和粒子数方程(1-7)两个非线性方程，可求解对能隙 Δ 和费米能 λ。如果费米能 λ 为负，那么系统基态是束缚的；否则系统是非束缚的。再将对能隙 Δ 和费米能 λ 代回到表达式(1-14)，即可得到单粒子能级 ε_k 的占有概率，用于计算各种物理量，比如：密度分布、半径等。进一步，结合反应模型(如 Glauber 模型)，便可得到反应截面和动量分布等实验可观测量，可用于研究丰中子或丰质子的滴线附近能否形成晕核等重要前沿课题。这部分内容将在本书的第 2 章详细介绍。

下面，我们计算粒子数涨落的大小：

$$\Delta N^2 = \langle \text{BCS} \mid \hat{N}^2 \mid \text{BCS} \rangle - \langle \text{BCS} \mid \hat{N} \mid \text{BCS} \rangle^2 = 4 \sum_{k>0} u_k^2 v_k^2 \quad (1-17)$$

可见,粒子数的涨落(不确定性)是由单粒子态的占有概率导致的。对于无限大凝聚态物质,涨落与体系总粒子数相比微不足道,因此可以忽略不计。但是对于有限核系统来说,尤其是粒子数目不大的轻核,涨落效应对计算结果具有较大影响。

1.2 恢复粒子数对称性的投影方法

下面,我们先从 BCS 波函数具体形式出发,说明"粒子数不守恒"问题;然后,用"投影粒子数"的方法恢复粒子数对称性,并分别讨论"先变分后投影"和"先投影后变分"这两种方式的优缺点;最后,选取"先投影后变分"的方法处理实际问题。

首先,我们考察 BCS 试探波函数的具体形式。将式(1-3)适当整理如下:

$$|\text{BCS}\rangle = \Big(\prod_{k>0} u_k\Big) \prod_{k>0}(1 + c_k \hat{a}_k^\dagger \hat{a}_{\bar{k}}^\dagger) \mid 0\rangle, \quad c_k = \frac{v_k}{u_k}$$
$$= \Big(\prod_{k>0} u_k\Big)\Big[1 + \sum_j c_j \hat{a}_j^\dagger \hat{a}_{\bar{j}}^\dagger + \sum_{j,i} c_i c_j \hat{a}_j^\dagger \hat{a}_{\bar{j}}^\dagger \hat{a}_i^\dagger \hat{a}_{\bar{i}}^\dagger + \cdots\Big] \mid 0\rangle \quad (1-18)$$

可以看出,BCS 波函数是不同对组态混合的叠加,第一项表示没有对成分,第二项表示产生一对粒子的成分,第三项表示产生两对粒子的成分。以此类推,BCS 波函数包含无限多项。这就导致在 BCS 近似下"粒子数不守恒"的问题。

1.2.1 先变分后投影方法

为了解决"粒子数不守恒"的问题,可通过"先变分后投影"的方法恢复粒子数对称性,也就是在求解 BCS 方程后,投影出具有确定粒子数的成分。此方法虽然可以恢复粒子数对称性,但是不能用于处理对关联较弱的原子核,这与不加投影的 BCS 理论遇到的问题一样[7],在本章 1.3 节的举例中有具体描述。

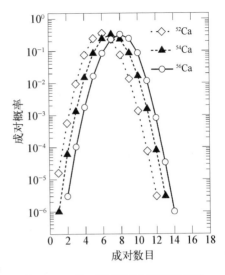

图 1 - 1 给出了通过"先变分后投影"方法得到的对空间中成对粒子数目的概率分布，对力强度取 350 MeV · fm³。其中，⁵²Ca 的对空间中有 6 对粒子，因此最大概率出现于 6 处；依次地，⁵⁴Ca 的对空间中有 7 对粒子；⁵⁶Ca 的对空间中有 8 对粒子，同最大概率对应的成对数目一致。实践表明，先变分后投影的粒子数方法对于对力强度较小（低于临界值）的情况失效，无法得到正确的成对数目[7]。此外，先变分后投影框架下还有一种简化方法，即 Lipkin-Nogami 方法[8-9]。近年来，人们将 Lipkin-Nogami ＋ BCS（简称

图 1 - 1　将 BCS 波函数投影出成对粒子数的成分

为 LN＋BCS)方法同相对论平均场理论结合开展了一些研究工作[10-11]。

1.2.2　先投影后变分方法

原则上，对于 BCS 理论的"粒子数不守恒"问题，可以通过"先变分后投影"的方法解决。但是，同传统的 BCS 理论一样，"先变分后投影"方法不能用于描述对关联较弱的原子核。因此，人们考虑通过更精确的"先投影后变分"方法来恢复粒子数对称性[12-13]。

下面，在"先投影后变分"框架下介绍固定粒子数（fixed particle number）的 BCS 方法，简称 FBCS 方法[14]。

首先，FBCS 理论中的投影算符具有如下形式：

$$\hat{P}^N = \frac{1}{2\pi i} \oint \frac{z^{\hat{N}}}{z^{N+1}} dz \tag{1-19}$$

式中，N 表示对空间中的粒子数目，$\hat{N}$ 是粒子数算符。进一步做变量代换，令 $p=N/2$，$\xi=z^2$，并利用留数定理（residue theorem）：

$$\oint \frac{dz}{z^n} = 2\pi i\delta_{n,1} \tag{1-20}$$

可得到投影后的试探波函数:

$$|\Psi_N\rangle = \hat{P}^{N=2p}|\text{BCS}\rangle = \frac{1}{2\pi\text{i}}\oint\frac{\text{d}\xi}{\xi^{p+1}}\prod_{k>0}(u_k + v_k\xi\hat{a}_k^\dagger\hat{a}_{\bar{k}}^\dagger)|0\rangle \quad (1-21)$$

从上面的波函数可以看出,投影就是挑出含有 p 个配对的成分。这里需要注意的是,投影算符具有性质:$[\hat{P},\hat{H}]=0$,$\hat{P}^\dagger=\hat{P}$,$\hat{P}^2=\hat{P}$。利用幂等性 $\hat{P}^2=\hat{P}$ 可得到波函数的归一化条件为

$$\langle\Psi_N|\Psi_N\rangle = \langle\text{BCS}|\hat{P}|\text{BCS}\rangle$$

$$=\frac{1}{2\pi\text{i}}\oint\frac{\text{d}\xi}{\xi^{p+1}}\langle 0|\prod_{k>0}(u_k + v_k\hat{a}_{\bar{k}}\hat{a}_k)(u_k + v_k\xi\hat{a}_k^\dagger\hat{a}_{\bar{k}}^\dagger)|0\rangle = R_0^0$$

$$(1-22)$$

式中,R_0^0 称为剩余积分(residual integral)。Dietrich、Mang 和 Pradal 引入了剩余积分的概念,用来处理 FBCS 理论中的数值问题[14]。剩余积分的形式为

$$R_v^m(k_1, k_2, \cdots, k_m) = \frac{1}{2\pi\text{i}}\oint\frac{\text{d}\xi}{\xi^{(p-v)+1}}\prod_{k\neq k_1, k_2, \cdots, k_m}(u_k^2 + v_k^2\xi) \quad (1-23)$$

在剩余积分中,k_m 表示被阻塞(blocked)的单粒子能级,v 表示在对空间中被阻塞的粒子对数目。为了简化计算,通常利用如下递推关系[14]:

$$R_v^m(k_1, k_2, \cdots, k_m)$$
$$=R_{v+1}^{m+1}(k_1, k_2, \cdots, k_m, k)v_k^2 + R_v^{m+1}(k_1, k_2, \cdots, k_m, k)u_k^2 \quad (1-24)$$

若已知投影后的波函数,总能量 E 可表示成:

$$E = \frac{\langle\Psi_N|\hat{H}|\Psi_N\rangle}{\langle\Psi_N|\Psi_N\rangle}$$

$$=2\sum_{k>0}\varepsilon_k v_k^2\frac{R_1^1(k)}{R_0^0} + \sum_{k>0}\bar{V}_{k,\bar{k},k,\bar{k}}v_k^2\frac{R_1^1(k)}{R_0^0} + $$

$$\sum_{j_1\neq j_2}\bar{V}_{j_1,\bar{j}_1,j_2,\bar{j}_2}u_{j_1}v_{j_1}u_{j_2}v_{j_2}\frac{R_1^2(j_1, j_2)}{R_0^0} \quad (1-25)$$

做进一步的简化处理,令 $\bar{V}_{k,\bar{k},j,\bar{j}}=-G$,$R_v^2(k,k)=R_1^1(k)$,可得到能量期望的新形式:

$$E = \sum_{k>0} 2\left(\varepsilon_k - \frac{1}{2}G_{kk}v_k^2\right)v_k^2 \frac{R_1^1(k)}{R_0^0} - \sum_{k>0}\sum_{j>0} G_{kj}u_k v_k u_j v_j \frac{R_1^2(k,j)}{R_0^0}$$

$$(1-26)$$

接下来，类似于 BCS 理论的推导过程，重新定义单粒子能级以及对能隙：

$$\varepsilon_k' = \left(\varepsilon_k - \frac{1}{2}G_{kk}v_k^2\right)\frac{R_1^1(k)}{R_0^0}$$

$$\Delta_k = \sum_{j>0} G_{kj}u_j v_j \frac{R_1^2(k,j)}{R_0^0}$$

$$(1-27)$$

进一步改写系统的能量为

$$E = \sum_{k>0} 2\varepsilon_k' v_k^2 - \sum_{k>0}\Delta_k u_k v_k \qquad (1-28)$$

为得到系统的基态能量，对能量 E 做变分处理，则有

$$\frac{\delta E}{\delta v_k} = 2\left(\varepsilon_k - \frac{1}{2}G_{kk}v_k^2\right)\frac{R_1^1(k)}{R_0^0}u_k v_k + 2\varepsilon_k v_k^2 \frac{R_0^0(R_2^2 - R_1^2) - R_1^1(R_1^1 - R_0^1)}{(R_0^0)^2}u_k v_k -$$

$$\frac{1}{2}\sum_{j>0}G_{kj}u_k v_k u_j v_j \frac{R_0^0(R_2^3 - R_1^3) - R_1^2(R_1^1 - R_0^1)}{(R_0^0)^2}2u_k v_k -$$

$$\frac{1}{2}\sum_{j>0}G_{kj}u_j v_j \frac{R_1^2(k,j)}{R_0^0}(u_k^2 - v_k^2) = 0 \qquad (1-29)$$

这里需要注意的是，对于剩余积分的偏导有如下的递推关系[14]：

$$\frac{\delta R_v^m(k_1,\cdots,k_m)}{\delta v_k} = 2v_k\left[R_{v+1}^{m+1}(k_1,\cdots,k_m,k) - R_v^{m+1}(k_1,\cdots,k_m)\right]$$

$$(1-30)$$

为了与 BCS 方程的形式一致，重新定义变分后能量中的单粒子能级、对能隙和化学势：

$$\widetilde{\varepsilon}_k = (\varepsilon_k - G_{kk}v_k^2)\frac{R_1^1(k)}{R_0^0}$$

$$\Delta_k = \sum_{j>0} G_{kj}u_j v_j \frac{R_1^2(k,j)}{R_0^0}$$

$$\Lambda_k = \varepsilon_k v_k^2 \frac{R_0^0(R_2^2 - R_1^2) - R_1^1(R_1^1 - R_0^1)}{(R_0^0)^2} -$$

$$\frac{1}{2}\sum_{k,\,j>0} G_{kj} u_k v_k u_j v_j \frac{R_0^0(R_2^3 - R_1^3) - R_1^2(R_1^1 - R_0^1)}{(R_0^0)^2}$$

$$= (\varepsilon_k - G_{kk} v_k^2) v_k^2 \frac{R_0^0(R_2^2 - R_1^2) - R_1^1(R_1^1 - R_0^1)}{(R_0^0)^2} -$$

$$\frac{1}{2}\sum_{k,\,j>0} G_{kj} u_k v_k u_j v_j \frac{R_0^0(R_2^3 - R_1^3)}{(R_0^0)^2} + \frac{1}{2}\sum_{k,\,j>0} G_{kj} u_k v_k u_j v_j \frac{R_1^2(R_1^1 - R_0^1)}{(R_0^0)^2}$$

$$(1-31)$$

于是,得到 FBCS 对能隙方程:

$$2(\widetilde{\varepsilon}_k + \Lambda_k) u_k v_k + \Delta_k(v_k^2 - u_k^2) = 0 \tag{1-32}$$

这个形式与 BCS 对能隙方程相似,不同之处在于此时占有概率和未占有概率的表达式为

$$\widetilde{v}_k^2 = v_k^2 \frac{R_1^1(k)}{R_0^0}, \quad \widetilde{u}_k^2 = 1 - \widetilde{v}_k^2 = u_k^2 \frac{R_0^1(k)}{R_0^0} \tag{1-33}$$

那么,从 FBCS 对能隙方程出发,计算得到占有概率和未占有概率的表达式为

$$\widetilde{v}_k^2 = v_k^2 \frac{R_1^1(k)}{R_0^0} = \frac{1}{2}\left[1 - \frac{\widetilde{\varepsilon}_k + \Lambda_k}{\sqrt{(\widetilde{\varepsilon}_k + \Lambda_k)^2 + \Delta_k^2}}\right]$$

$$\widetilde{u}_k^2 = u_k^2 \frac{R_0^1(k)}{R_0^0} = \frac{1}{2}\left[1 + \frac{\widetilde{\varepsilon}_k + \Lambda_k}{\sqrt{(\widetilde{\varepsilon}_k + \Lambda_k)^2 + \Delta_k^2}}\right] \tag{1-34}$$

这就是 FBCS 方法的理论推导过程。与求解 BCS 方程不同的是,这里需要考虑组态混合的信息,即需要求解剩余积分。通常的排列组合方法可以给出很多种可能的组态成分,但计算特别耗时。因此,需要做进一步的数值优化处理。如做变量代换:

$$\xi = r(\cos\theta + i\sin\theta) \tag{1-35}$$

这里的 r 表示积分是绕着一个半径为 r 的圆,θ 表示绕着圆积分的方位角。此时,剩余积分变为

$$R_0^0 = \frac{1}{2\pi} \oint \frac{\mathrm{d}\theta}{\left[r(\cos\theta + \mathrm{i}\sin\theta)\right]^p} \prod_{k>0} \left[u_k^2 + r(\cos\theta + \mathrm{i}\sin\theta)v_k^2\right] \quad (1-36)$$

依次可以得到其他剩余积分的表达式，详细过程可以参考文献[12]。

1.3　应用举例：确定滴线的位置

最近，我们将 FBCS 方法同相对论平均场理论结合[13]，得到一些有趣的结果。

如前所述，采用 FBCS 方法恢复粒子数对称性，并且在临界对力强度以下可以得到非平凡解（非零解）。如图 1-2 所示为 ^{36}Ca 的中子对能随着对力强度的变化趋势，圆圈表示 BCS 近似的结果，方框表示 FBCS 方法的结果。其中，对能定义为

$$E_{\mathrm{pair}} = -\sum_{k>0} \Delta_k u_k v_k \quad (1-37)$$

由于 BCS 近似在临界对力强度以下没有非平凡解，因此对能会发生急剧相变，会出现拐点。而 FBCS 方法在对力强度范围内发生连续相变，尤其是在临界对力强度以下仍然有非平凡解。

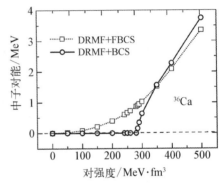

图 1-2　^{36}Ca 的中子对能随着对力强度的变化[12]

既然先投影后变分的 FBCS 方法能很好地描述滴线附近原子核的基态性质，很自然地期待它可以更可靠地确定滴线的位置。最新实验研究表明，氟和氖同位素的滴线位置分别落在了中子数 $N=22$ 和 24 处[15]。接下来，我们将在相对论平均场的理论框架下，分别采用 BCS 和 FBCS 两种方法描述氟、氖、钠和镁同位素的滴线位置。

对于氟、氖、钠和镁同位素链，我们通过拟合对能隙的三点公式

$$\Delta^{(3)}(N, Z) = [B(N-1, Z) - 2B(N, Z) + B(N+1, Z)]/2 \quad (1-38)$$

来确定对力强度。其中，B 表示原子核的结合能，N 表示中子数，Z 表示质子数。表 1-1 列出了通过拟合对能隙的三点公式而得到的氟、氖、钠和镁同位

素密度依赖的对力强度[15]。图 1-3 给出了利用三点公式拟合得到的氟、氖、钠和镁同位素链的能隙随中子数的变化。

表 1-1　氟、氖、钠和镁同位素链中对力强度拟合结果(单位: MeV·fm³)

理论方法	$^{20-24}$F	$^{22-26}$Ne	$^{26-30}$Na	$^{26-30}$Mg
DRMF+BCS	$V_0 = 380$	$V_0 = 580$	$V_0 = 480$	$V_0 = 480$
DRMF+FBCS	$V_0 = 380$	$V_0 = 480$	$V_0 = 380$	$V_0 = 380$

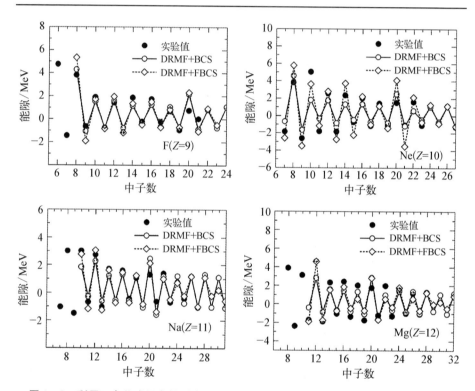

图 1-3　利用三点公式拟合得到的氟、氖、钠和镁同位素链的能隙随中子数的变化[15]

理论上,可以通过双中子分离能来判断滴线的位置,即最后一个核素的 $S_{2N} > 0$,下一个核素的 $S_{2N} < 0$,即为滴线的位置。双中子分离能由相邻的两个偶偶核的结合能之差来定义:

$$S_{2N} = B(N, Z) - B(N+2, Z) \qquad (1-39)$$

图 1-4 给出了氟、氖、钠和镁同位素链的单中子分离能和双中子分离能随中子数的变化。如果不考虑粒子数投影,比如:DRMF+BCS 方法,计算得到的

氟同位素的滴线位置在 $N=20$ 处,氖同位素的滴线位置在 $N=26$ 处,无法再现实验的氟和氖的丰中子滴线位置;采用 DRMF＋FBCS 方法,恢复粒子数对称性之后,得到的氟和氖的丰中子滴线位置分别在 $N=22$ 和 24 处,与实验测量结果完全一致。不过,这两种模型预言的钠同位素的滴线位置都在 $N=$ 28 处,而在实验上确实也观测到了束缚的 ^{39}Na[15]。此外,DRMF＋BCS 方法预言镁同位素的丰中子滴线位置位于 $N=30$ 处,而 DRMF＋FBCS 方法预言的结果是 $N=28$ 处,对此还需要更进一步的实验测量来验证[16]。

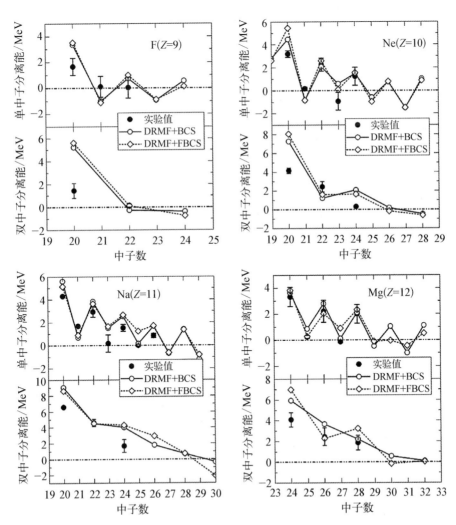

图 1－4　氟、氖、钠和镁同位素链的单中子分离能和
双中子分离能随中子数的变化[16]

本章首先大致介绍了处理对关联的 BCS 理论框架,并提出 BCS 理论中遇到的粒子数不守恒以及临界值以下没有非平凡解的问题;然后,通过引入"先变分后投影"以及"先投影后变分"两种处理对关联的方法,分析各自的优缺点,推荐使用恢复粒子数对称性的"先投影后变分"的 BCS 方法,即 FBCS 方法,可以给出临界值以下连续的非平凡解;最后,结合相对论平均场理论,分别采用 DRMF+BCS 方法和 DRMF+FBCS 方法,通过考察具体核素(如 ^{36}Ca)的中子对能随着对力强度的演化行为,研究粒子数守恒与不守恒造成的差别,并将此方法应用到预言丰中子同位素链的滴线位置,且与实验观测结果比较。结果表明,恢复粒子数对称性的 FBCS 方法可以很好地再现氟和氖同位素的丰中子滴线位置,即 ^{31}F 和 ^{34}Ne;并预言了钠和镁的丰中子滴线位置为 ^{39}Na 和 ^{40}Mg,这还有待实验进一步确认。

读者可以根据本章的关键推导步骤,完成理论推导和数值计算过程,检验最新研究结果;或者采用简单的势模型,体验一整套理论方法;也可以进一步拓展方法论,结合其他微观结构理论模型,研究中子滴线和质子滴线位置及其对核天体演化过程的影响等前沿课题。

第 2 章
量子散射 Glauber 模型及其应用:
晕核的反应可观测量

20 世纪 50 年代,Glauber 基于程函近似(Eikonal approximation),通过将核子-核多体散射等效为入射粒子和靶核中的所有核子之间的两体散射,提出了高能、小角度多体散射理论[17]。六七十年代,采用相似的思想方法,将核-核的多体散射简化为弹核与靶核中所有核子间的两体散射,发展适用于高能稳定核散射的 Glauber 理论。1975 年,P. J. Karol 假定弹核与靶核的密度分布是高斯形式,采用光学极限近似得到核反应截面的解析表达式。八九十年代,人们又引入核-核散射碰撞参数的库仑修正,发现光学极限近似的 Glauber 理论可以在很大能量范围内很好地描述稳定核散射的反应截面。至此,将 Glauber 模型广泛应用于中、高能多体散射问题,并取得很大的成功。

随着世界范围内的放射性核束大型设备的建设、使用和升级改造,放射性束流品质和强度都得以大幅提升,为人们研究远离稳定线的具有极端质子数和中子数比的奇特原子核结构新特性和反应可观测量,提供了前所未有的契机。前人基于高斯形式的密度分布结构信息,采用光学极限近似得到核反应截面的解析表达式的方法也用于奇特核作为弹核、稳定核作为靶核的研究中。我们近期的理论研究发现,由于奇特原子核所具有的弱束缚和价核子空间分布弥散等特性,采用高斯形式的密度分布不足以刻画真实情况,或者说高斯函数拟合微观理论模型给出的密度分布的方式并不适用于描述奇特核引起的反应可观测量。因此,我们致力于发展微观理论预言奇特核的结构信息,包括入射核密度分布、价核子波函数、靶核密度分布,以及能量相关的剖面函数,结合 Glauber 模型计算反应截面、去中子截面、弹性微分散射截面和去中子反应的纵向动量分布等实验可观测量;完成从结构到反应统一描述奇特核晕现象的形成原因。

本章基于量子力学中的散射理论,从 Lippmann-Schwinger 方程出发给出形式理论;取格林函数的一级近似得到 Eikonal 近似,并求解散射振幅;基于程函近似,逐步从"核子-靶核"到"稳定核-靶核",再到"晕核-靶核"的物理图像下,给出光学极限近似下的 Glauber 模型理论公式;引入剖面函数和散射相移函数,结合微观核结构理论,描述丰中子氖同位素打碳靶反应的实验可观测量,研究首个 p 波晕核^{31}Ne 的结构形成机制。

为此,我们首先简要回顾晕核的研究背景及其重要性;然后,从一般的散射理论出发,逐步引出 Glauber 模型及其理论框架;最后,结合现代微观自洽的核结构理论,计算丰中子氖同位素打碳靶反应的实验可观测量,检验 Glauber 模型的有效性。为方便读者自学,并将之运用到实例中,我们给出主要的计算公式和一些数值计算技巧。

2.1 晕核的研究背景

随着放射性束流品质和强度的提升,人们可探测的核素范围,从传统的稳定线附近的几百个稳定核素,逐渐扩展到远离稳定线、具有放射性的不稳定奇特核,甚至到滴线附近。放射性核束物理(radioactive ion beam physics)的发展推动着人们对原子核的性质产生新的认知,一些新物理和新现象应运而生,比如:具有极端的中子数和质子数比的奇特核可能形成的"晕"(halo)现象、"反转岛"(inversion of island)结构和"结团"(cluster)核结构等。

滴线附近的原子核由于价核子分离能小[18-19],核表面密度分布弥散,体系处于弱束缚状态。弱束缚体系的费米面接近连续谱,价核子很容易被散射到费米面之上的低能共振态,而且具有明显的单粒子特性。量子力学指出,在弱束缚力和短程核力的共同影响下,价核子可以通过"量子隧穿"效应(tunneling effect)穿过所谓的"经典禁区"，到达离核中心很远的地方。同稳定线附近的核素相比，奇特核中的晕现象体现了近稳定量子多体系统的诸多特性：弱束缚、连续谱耦合、形变效应、低密度纯中子核物质、非线性效应、结团效应以及退耦效应等[20]。考虑到晕核的中子数和质子数相差很大，它也是较理想的研究同位旋自由度的实验对象[20]。需要指出，不是所有的滴线核都能形成晕核。目前，实验上通过各种手段，能够探测到的核素有 3 000 多个，理论预言存在的核素可能超过 1 万个[18]；在丰质子区和丰中子区，待确认和已确认的晕核总数不超过 30 个。因此，晕核被誉为核素版图皇冠上的明珠。对现有核理论来说，这既是挑战，又是机遇。人们需要发展能够合理地统一描述从稳定线附近核到低密度、弱束缚核性质的核结构理论，用以研究不稳定奇特核的结构。

另外，目前形成重元素的已经确认的场所之一——双中子星并合，在高温、高密的环境下发生快中子俘获过程（rapid neutron capture process，r-process），涉及成百上千个核素。其中，大部分核素的结构性质需要依靠理论模型来预言，这也是导致核天体演化的核合成路径上元素丰度具有数量级差异的主要原因。因此，研究奇特核结构，还将有助于确定演化路径上等待点的位置，约束核合成的重元素丰度的不确定度，以及寻找"超重元素稳定岛"等国际聚焦的重大前沿交叉科学问题[18]。

首先，我们回顾一下发现晕核的历史，以及晕核具备的主要结构和反应特征。1985 年，日本理化研究所（RIkagaku KENkyusho/Institute of Physical and Chemical Research，RIKEN）的谷畑勇夫（Isao Tanihata）在实验上首次观测到晕核。他在测量丰中子锂同位素与碳靶的相互作用截面时，发现^{11}Li 打^{12}C 靶的相互作用截面比^{9}Li 打^{12}C 靶的相互作用截面大得多[21]。根据这一实验现象，他首次提出可能存在新的核结构形态——晕核。随后，Hansen 等人基于弱束缚的假设，给出^{11}Li 结构的解释，假定其为"结团"结构，并直观地给出了晕核的图像[22]。后来，Kobayashi 重复同样的实验，进一步发现^{11}Li 与靶核反应后的动量分布的确比其他同位素与靶核反应后的动量分布窄得多，而且去核子截面更大[21]。至此，人们基本上确认了^{11}Li 存在晕核结构，开始探索形成晕核的结构机制。实际上，^{11}Li 是以^{9}Li 为核芯，外面弥散分布着两个中子的三体 Borromean 体系，即具备任意两体不束缚，只有三体是束缚的"拓扑环"结构。

通常,实验探测到核反应相互作用截面异常增大(或去核子截面增大),以及反应后核芯和价核子的动量分布比较窄,都将成为判断是否为晕核的重要判据。由海森伯不确定性原理可知,窄的动量分布对应着弥散的空间分布,也就是说,晕核的空间密度分布弥散决定了晕核半径大。因无法直接测量原子核的半径,人们只能通过实验测量反应截面来推测半径的信息。原子核物理的教科书告诉我们,稳定核的半径通常正比于其质量的三分之一次方,即 $r \propto A^{1/3}$,称为半径的"质量三分之一次方定律"。与稳定同位素的半径相比,晕核

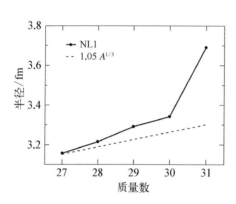

图 2-1 丰中子氖同位素随质量数变化的物质半径图

的半径明显大于"质量三分之一次方定律"。比如:^{11}Li 的物质均方根半径同 ^{208}Pb 的物质均方根半径相当。所以,晕核的发现彻底改变了人们原有关于稳定核半径一般规律的基本图像。如图 2-1 所示,丰中子氖同位素的物质半径随质量数的变化。其中,虚线代表"质量三分之一次方定律"给出的正常核素的半径,比例系数由实验推测的 ^{20}Ne 半径大小决定;实线表示在 NL1[23] 有效相互作用下的协变能量密度泛函理论的计算结果[24]。可见,半径从 ^{30}Ne 到 ^{31}Ne 有突然增大的现象,这是晕核在结构上的重要信号。由于无法直接测得半径,我们采取进一步估算反应截面,对比实验值的方式,寻找晕核形成的反应证据。本章的反应理论框架将围绕这个主题展开。

近三十年来,实验上已经探测到和需要进一步确认的晕核包括中子晕核 ^{6}He、^{11}Li、^{11}Be、^{14}Be、^{17}B、^{15}C、^{19}C、^{31}Ne 和 ^{37}Mg,质子晕核 ^{8}B、^{12}N 和 ^{17}Ne[25]。本章我们将以丰中子氖同位素链为例,定量考察晕核形成的反应特征。下面,我们简要回顾一下丰中子氖同位素链上发现晕核实验证据的几个代表性的实验工作。2009 年,Nakamura 团队在 RIKEN 的 RIBF(Radioactive Isotope Beam Factory)上,测量了 ^{31}Ne 分别与铅靶和碳靶反应的去中子截面,发现去中子截面反常增大,并具有软的电偶极激发模式,这是实验上认为 ^{31}Ne 是晕核的第一个证据[26]。2012 年,Gaudefroy 团队利用飞行时间(time of flight,

TOF)方法直接测量 ^{31}Ne 的质量，得到的单中子分离能很小，为 (0.06 ± 0.41)MeV[27]。2012 年，Takachi 等人测得 ^{29}Ne 和 ^{31}Ne 反常增大的反应截面以及 ^{29}Ne 较小的单中子分离能 $[(1.26 \pm 0.27)$MeV]，认为 ^{31}Ne 是 s 波或 p 波晕核，^{29}Ne 是 s 波晕核[28]。2014 年，Nakamura 团队利用 ^{31}Ne 打碳靶和铅靶发生的敲出反应，从实验上首次确认 ^{31}Ne 基态的自旋和宇称为 $\left(\frac{3}{2}\right)^{-}$，且具有形变结构和明显的 p 波贡献，从而证实 ^{31}Ne 是首个 p 波晕核的形成新机制，并激发了人们寻找更重的 p 轨道晕核的兴趣[29]。因此，^{31}Ne 晕结构和相关反应量的理论研究工作将有助于人们有效地检验理论工具，并用于预言更重的 p 波晕核或 s 波晕核。

围绕实验的新进展，核理论工作者开展了一系列的核结构理论研究，代表性的工作包括反对称分子动力学（Antisymmetrized Molecular Dynamics，AMD）模型[30]和非相对论平均场的 Skyrme-Hartree-Fock（SHF）模型[31]。实际上，利用 AMD 模型给出的 ^{31}Ne 结构信息，结合双折叠模型（double-folding model，DFM）得到的 ^{31}Ne 反应截面明显低于实验测量值[30]；只有在加入共振群方法（resonating group method，RGM）后，才部分解决了波函数的尾巴问题，使得 ^{31}Ne 的反应截面接近实验值误差下限[30]。另外，采用 SHF 模型结合 Glauber 模型的尝试，同样也低估了 ^{31}Ne 的反应截面[31]，这很可能是由于没有考虑费米面上低能共振态或费米面下的弱束缚态和对关联的影响；另外，形变效应也将通过改变单粒子能级顺序而影响结果。

在 2014 年实验确认 ^{31}Ne 基态的自旋和宇称的文章发表之前，2013 年，我们首次尝试采用原创的微观自洽理论描述丰中子氖同位素链的结构特性，提出 ^{31}Ne 具有 p 波晕结构[24]。具体做法是利用基于相对论平均场（RMF）理论的耦合常数解析延拓（ACCC）方法求解正能共振态，并用 BCS 近似考虑费米面附近的束缚态和共振态上核子间的对关联，即 RMF＋ACCC＋BCS 模型，简称 RAB 模型[24]。分别计算 $^{27-31}$Ne 的物质半径、单中子分离能、p 和 f 轨道的共振态能级及其占有概率，以及 ^{31}Ne 单粒子共振轨道的价中子密度分布等物理量。结果表明，^{31}Ne 半径比相邻的同位素 $^{27-30}$Ne 的半径明显增大，单中子分离能低；研究指出，^{31}Ne 晕结构是价核子占据的低轨道角动量的正能共振态与费米面附近束缚态间的耦合及对关联作用相互竞争的结果，从而揭示了 p 波

晕核形成的新机制[24]。最近,我们成功地将微观核结构理论与反应的
Glauber 模型相结合,用于计算反应的相互作用截面(或去核子截面)和反应后
的动量分布,这些物理量都是可以直接与实验测量结果相比较的。

下面,我们将从基本散射理论出发,着重介绍 Glauber 模型,并用于描述
丰中子氖同位素打碳靶反应的相互作用截面(或去核子截面)和反应后的动量
分布,寻找晕核^{31}Ne 的反应证据。

2.2 散射理论

散射是物理学中最普遍、最重要的问题之一。经典力学中,散射问题的核心
是处理入射粒子轨迹的偏离程度。但是,对于发生在原子或者原子核尺度的过
程来说,不能用经典力学处理问题,而应研究描述入射粒子状态的波函数在与靶
粒子的相互作用的影响下如何演化。在介绍 Glauber 模型之前,我们从形式散射
理论出发,推演程函近似下散射截面的表达式,为 Glauber 模型的引入做铺垫。

2.2.1 散射截面和散射振幅

在散射过程中,从经典力学角度看,每个入射粒子都以一个确定的碰撞参
数 b 和方位角 ψ_0 射向靶粒子[32]。由于靶粒子的作用,入射粒子将发生偏转;
假设单位时间内有 dn 个粒子沿 (θ, φ) 方向的立体角 dΩ 出射,于是定义微分
散射截面 $\sigma(\theta, \varphi) = \dfrac{1}{j_i} \dfrac{\mathrm{d}n}{\mathrm{d}\Omega}$,$j_i$ 为入射粒子流密度,即单位时间穿过单位面积
的粒子数;对立体角 Ω 积分,可得到积分散射截面,即总截面 σ_{tot}:

$$\sigma_{tot} = \int \sigma(\theta, \varphi) \mathrm{d}\Omega = \int_0^\pi \sin\theta \mathrm{d}\theta \int_0^{2\pi} \sigma(\theta, \varphi) \mathrm{d}\varphi \qquad (2-1)$$

在散射实验中,粒子源提供一束稳定且接近于单色的平行入射粒子束,从
远处射向靶粒子(散射中心)。入射粒子束可以近似用平面波函数描述:

$$\psi_i = e^{ikz} \qquad (2-2)$$

式中,波数 $k = \sqrt{2\mu E}/\hbar$,E 为入射粒子能量,ψ_i 是动量($p_z = \hbar k$,$p_x =$

$p_y = 0$) 的本征态。当 $r \to \infty$ 时，散射波的形式为 $f(\theta)\exp(i\boldsymbol{k} \cdot \boldsymbol{r})/r$，即向外出射的球面波。$f(\theta)$ 称为散射振幅，是 θ 的函数，不依赖于 φ 角。因此，在 θ 方向的立体角元 $\mathrm{d}\Omega$ 中，单位时间内出射粒子数为

$$\mathrm{d}n = j_\mathrm{s} r^2 \mathrm{d}\Omega = \frac{\hbar k}{\mu} \mid f(\theta) \mid^2 \mathrm{d}\Omega \tag{2-3}$$

式中，j_s 是散射粒子流密度。

按前面微分截面定义，有

$$\sigma(\theta) = \frac{1}{j_\mathrm{i}} \frac{\mathrm{d}n}{\mathrm{d}\Omega} = \mid f(\theta) \mid^2 \tag{2-4}$$

式(2-4)反映了散射截面(也称微分截面或角分布)与散射振幅 $f(\theta)$ 的关系[32]。

2.2.2　Lippmann-Schwinger 方程和 Eikonal 近似

程函近似是半经典近似，是在动量空间对 Lippmann-Schwinger 方程中的 Green 函数做线性化的近似处理。假设在高能、小角度散射的情况下，满足 $k_\mathrm{i}a \gg 1$，$\mid V_0 \mid / E_\mathrm{i} \ll 1$ 的条件，V_0 表示两体间相互作用势，E_i 为入射核子能量[33]。

一般地，约化的两体相互作用势表示为 $U(r) = 2mV(r)/\hbar^2$。于是，Lippman-Schwinger 方程化为

$$\Psi_{k_\mathrm{i}}^{(+)}(\boldsymbol{r}) = (2\pi)^{-3/2}\exp(i\boldsymbol{k}_\mathrm{i} \cdot \boldsymbol{r}) + \int G_0^{(+)}(\boldsymbol{r}, \boldsymbol{r}')U(\boldsymbol{r}')\Psi_{k_\mathrm{i}}^{(+)}(\boldsymbol{r}')\mathrm{d}\boldsymbol{r}'$$

$$\tag{2-5}$$

式中，

$$G_0^{(+)}(\boldsymbol{r}, \boldsymbol{r}') = -(2\pi)^{-3}\lim_{\varepsilon \to 0^+}\int \mathrm{d}\boldsymbol{k}\, \frac{-\exp[i\boldsymbol{k} \cdot (\boldsymbol{r} - \boldsymbol{r}')]}{\boldsymbol{k}^2 - \boldsymbol{k}_\mathrm{i}^2 - i\varepsilon} \tag{2-6}$$

是 Green 函数，代表了从无穷远处 r 到有限位置 r' 处的传播子。因为在入射核子的波长尺度上作用势能的变化很小，所以可以把 $\Psi_{k_\mathrm{i}}^{(+)}(\boldsymbol{r})$ 记为 $(2\pi)^{-3/2}\exp(i\boldsymbol{k}_\mathrm{i} \cdot \boldsymbol{r})$ 的自由波函数部分和其余部分，即

$$\Psi_{k_\mathrm{i}}^{(+)}(\boldsymbol{r}) = (2\pi)^{-3/2}\exp(i\boldsymbol{k}_\mathrm{i} \cdot \boldsymbol{r})\Phi(\boldsymbol{r}) \tag{2-7}$$

可得

$$\Phi(\boldsymbol{r}) = 1 - (2\pi)^{-3} \iint d\boldsymbol{R} d\boldsymbol{P} \frac{\exp(i\boldsymbol{P} \cdot \boldsymbol{R})}{2\boldsymbol{k} \cdot \boldsymbol{P} + P^2 - i\varepsilon} U(\boldsymbol{r} - \boldsymbol{R}) \Phi(\boldsymbol{r} - \boldsymbol{R}) = 1 - I(\boldsymbol{r})$$

$$(2 - 8)$$

为方便描述,这里定义函数 $I(\boldsymbol{r})$ 如下:

$$I(\boldsymbol{r}) = (2\pi)^{-3} \iint d\boldsymbol{R} d\boldsymbol{P} \frac{\exp(i\boldsymbol{P} \cdot \boldsymbol{R})}{2\boldsymbol{k} \cdot \boldsymbol{P} + P^2 - i\varepsilon} U(\boldsymbol{r} - \boldsymbol{R}) \Phi(\boldsymbol{r} - \boldsymbol{R}) \quad (2 - 9)$$

此时,Green 函数为

$$G_0^{(+)}(\boldsymbol{R}) = -(2\pi)^{-3} \exp(i\boldsymbol{k}_i \cdot \boldsymbol{R}) \int d\boldsymbol{P} \frac{\exp(i\boldsymbol{P} \cdot \boldsymbol{R})}{2\boldsymbol{k} \cdot \boldsymbol{P} + P^2 - i\varepsilon} \quad (2 - 10)$$

式中,$\boldsymbol{R} = \boldsymbol{r} - \boldsymbol{r}'$ 为相对坐标,$\boldsymbol{P} = \boldsymbol{k} - \boldsymbol{k}_i$ 为动量转移,选定 z 轴沿着入射波矢 $\boldsymbol{k}_i$ 方向。在高能、小角度散射中,动量转移比较小,此时满足 $P/k_i \ll 1$ 的条件。将 $(2\boldsymbol{k}_i \cdot \boldsymbol{P} + P^2 - i\varepsilon)^{-1}$ 按照 P/k_i 的幂函数形式来展开,可以得到

$$(2\boldsymbol{k}_i \cdot \boldsymbol{P} + P^2 - i\varepsilon)^{-1} = (2k_i P_z + P^2 - i\varepsilon)^{-1}$$

$$= \frac{1}{2k_i P_z - i\varepsilon} \left(1 - \frac{P^2}{2k_i P_z - i\varepsilon} + \cdots \right) \quad (2 - 11)$$

那么,Green 函数可以分解为

$$G_0^{(+)}(\boldsymbol{R}) = G_0^{(1)}(\boldsymbol{R}) + G_0^{(2)}(\boldsymbol{R}) + \cdots \quad (2 - 12)$$

$$G_0^{(1)}(\boldsymbol{R}) = -(2\pi)^{-3} \exp(i\boldsymbol{k}_i \cdot \boldsymbol{R}) \int d\boldsymbol{P} \frac{\exp(i\boldsymbol{P} \cdot \boldsymbol{R})}{2k_i P_z - i\varepsilon} \quad (2 - 13)$$

对应地,$I^{(1)}(\boldsymbol{r}) = (2\pi)^{-3} \iint d\boldsymbol{R} d\boldsymbol{P} \dfrac{\exp(i\boldsymbol{P} \cdot \boldsymbol{R})}{2k_i P_z - i\varepsilon} U(\boldsymbol{r} - \boldsymbol{R}) \Phi(\boldsymbol{r} - \boldsymbol{R})$,可以求得

$$\int d\boldsymbol{P} \frac{\exp(i\boldsymbol{P} \cdot \boldsymbol{R})}{2k_i P_z - i\varepsilon} = \int_{-\infty}^{\infty} \int_{-\infty}^{\infty} \int_{-\infty}^{\infty} dP_x dP_y dP_z \frac{\exp[i(P_x X + P_y Y + P_z Z)]}{2k_i P_z - i\varepsilon}$$

$$= (2\pi)^2 \delta(X) \delta(Y) \frac{1}{2k_i} \int_{-\infty}^{\infty} dP_z \frac{\exp(iP_z Z)}{P_z - i\varepsilon} \quad (2 - 14)$$

在复平面中对 P_z 积分，被积函数的奇点为 $P_z = +\mathrm{i}\epsilon$，可得

$$Z < 0, \quad \int_{-\infty}^{\infty} \mathrm{d}P_z \frac{\exp(\mathrm{i}P_z Z)}{P_z - \mathrm{i}\epsilon} = 0 \qquad (2-15)$$

$$Z > 0, \quad \int_{-\infty}^{\infty} \mathrm{d}P_z \frac{\exp(\mathrm{i}P_z Z)}{P_z - \mathrm{i}\epsilon} = 2\pi\mathrm{i} \qquad (2-16)$$

采用程函近似，即只保留式(2-12)中的第一项，忽略 Green 函数中的高阶修正，代入原坐标 $\boldsymbol{r} = (x, y, z)$，$\boldsymbol{r}' = (x', y', z')$ 可得

$$G_0^{(+)}(\boldsymbol{r}, \boldsymbol{r}') = G_0^{(1)}(\boldsymbol{r}, \boldsymbol{r}')$$

$$= -\frac{\mathrm{i}}{2k_\mathrm{i}}\exp[\mathrm{i}k_\mathrm{i}(z-z')]\delta(x-x')\delta(y-y')\Theta(z-z')$$

$$(2-17)$$

式中，$\Theta(z-z')$ 是阶跃函数。同理

$$I(\boldsymbol{r}) = I^{(1)}(\boldsymbol{r}) = \frac{1}{2k_\mathrm{i}}\int_0^{\infty} \mathrm{d}Z U(x, y, z-Z)\Phi(x, y, z-Z) \quad (2-18)$$

作变量替换 $z' = z - Z$，可以得到

$$\Phi(x, y, z') = 1 - \frac{1}{2k_\mathrm{i}}\int_{-\infty}^{z} \mathrm{d}z' U(x, y, z')\Phi(x, y, z')$$

$$= \exp\left[-\frac{1}{2k_\mathrm{i}}\int_{-\infty}^{z} \mathrm{d}z' U(x, y, z')\right] \qquad (2-19)$$

所以，此时两体散射的波函数为

$$\Psi_{k_\mathrm{i}} = -(2\pi)^{-\frac{3}{2}}\exp\left[(\mathrm{i}\boldsymbol{k}_\mathrm{i} \cdot \boldsymbol{r}) - \frac{\mathrm{i}}{2k_\mathrm{i}}\int_{-\infty}^{z} \mathrm{d}z' U(x, y, z')\right] \quad (2-20)$$

将程函近似后的波函数 Ψ_{k_i} 代入，两体的散射振幅可以表示为

$$f(\boldsymbol{q}) = -2\pi^2 \langle \Psi_{k_\mathrm{f}} \mid \hat{U}(r) \mid \Psi_{k_\mathrm{i}} \rangle$$

$$= -\frac{1}{4\pi}\int \mathrm{d}\boldsymbol{r}\exp(\mathrm{i}\boldsymbol{q} \cdot \boldsymbol{r})U(\boldsymbol{r})\exp\left[-\frac{\mathrm{i}}{2k_\mathrm{i}}\int_{-\infty}^{z} \mathrm{d}z' U(x, y, z')\right] \quad (2-21)$$

$\boldsymbol{r}$ 可分解为 $\boldsymbol{r} = \boldsymbol{b} + z\boldsymbol{z}$，$\boldsymbol{b}$ 是碰撞参数，出射波函数 Ψ_{k_f} 为自由波函数，考虑

纵向动量转移很小,所以有 $\boldsymbol{q} \cdot \boldsymbol{r} = \boldsymbol{q} \cdot (\boldsymbol{b} + z\boldsymbol{z}) \approx \boldsymbol{q} \cdot \boldsymbol{b}$,那么式(2-21)可以化简为

$$f(\boldsymbol{q}) = -\frac{1}{4\pi} \int \mathrm{d}\boldsymbol{b} \exp(\mathrm{i}\boldsymbol{q} \cdot \boldsymbol{b}) \int_{-\infty}^{\infty} \mathrm{d}z\, U(\boldsymbol{b}, z) \exp\left[-\frac{\mathrm{i}}{2k_{\mathrm{i}}} \int \mathrm{d}z' U(\boldsymbol{b}, z')\right]$$

$$= \frac{\mathrm{i}k_{\mathrm{i}}}{2\pi} \int \mathrm{d}\boldsymbol{b} \exp(\mathrm{i}\boldsymbol{q} \cdot \boldsymbol{b}) \left\{1 - \exp\left[-\frac{\mathrm{i}}{2k_{\mathrm{i}}} \int_{-\infty}^{\infty} \mathrm{d}z\, U(\boldsymbol{b}, z)\right]\right\} \quad (2-22)$$

引入两体散射相移 $\chi(\boldsymbol{b})$ 和由此定义的剖面函数(profile function) $\Gamma(\boldsymbol{b})$,则散射振幅可改写成

$$f(\boldsymbol{q}) = \frac{\mathrm{i}k_{\mathrm{i}}}{2\pi} \int \mathrm{d}\boldsymbol{b} \exp(\mathrm{i}\boldsymbol{q} \cdot \boldsymbol{b}) \{1 - \exp[\mathrm{i}\chi(\boldsymbol{b})]\} = \frac{\mathrm{i}k_{\mathrm{i}}}{2\pi} \int \mathrm{d}\boldsymbol{b} \exp(\mathrm{i}\boldsymbol{q} \cdot \boldsymbol{b}) \Gamma(\boldsymbol{b})$$

$$(2-23)$$

其中

$$\chi(\boldsymbol{b}) = -\frac{1}{2k_{\mathrm{i}}} \int_{-\infty}^{\infty} \mathrm{d}z\, U(\boldsymbol{b}, z) \quad (2-24)$$

剖面函数 $\Gamma(\boldsymbol{b})$ 与相移函数 $\chi(\boldsymbol{b})$ 具有如下关系:

$$\Gamma(\boldsymbol{b}) = 1 - \exp[\mathrm{i}\chi(\boldsymbol{b})] = 1 - \exp\left[-\frac{1}{2k_{\mathrm{i}}} \int_{-\infty}^{\infty} \mathrm{d}z\, U(\boldsymbol{b}, z)\right] \quad (2-25)$$

2.3 Glauber 模型

Glauber 多体散射理论建立在核子-核子两体散射程函近似的基础上,将核子-核多体散射等效为入射粒子与靶核中所有核子间的两体散射,由此将两体散射的程函近似理论推广到多体散射问题。Glauber 模型广泛应用于研究高能强子、小角度的核子-核的散射问题,可以利用核密度分布给出反应截面,是晕核散射反应实验分析常用的理论模型之一[33]。比如:可以利用复合核体系散射的量子理论,给出与质子打氘核和更重原子核的实验数据一致的描述[17,34]。下面,我们将从"核子-靶核"反应图像到"核芯-靶核"反应图像,逐步渗透到"晕核-靶核"的图像下,给出 Glauber 模型计算反应截面的公式;进一步,得

到计算去中子截面及动量分布的公式。后面的应用举例基于此理论框架。

2.3.1　散射振幅

单中子晕核可近似认为由核芯和一个价中子两部分构成。因此，单中子晕核与靶核的反应可以分解成中子与靶核的散射、核芯与靶核的散射两部分。

在五十年代，Glauber 将两体散射的程函近似理论推广到更为普遍的多体散射[17]。首先，描述核子与靶核的散射。散射体系如图 2-2 所示，靶核为原子核，假设含有 N 个核子。z 轴为入射方向，$r=b+zz$、$\eta_j=t_j+z_jz$ 分别是入射核子与靶核中的第 j 个核子相对于靶核质心的坐标，b 是碰撞参数，t_j 是 η_j 在垂直于入射方向的平面上的投影。R_P、R_T、Y_j 分别是入射核子、靶核质心和靶核中第 j 个核子相对于原点的坐标。因此，在程函近似下核子-核多体散射波函数为

$$\Psi_{k_i}(\boldsymbol{r},\boldsymbol{Y})=(2\pi)^{-3/2}\exp\left[-\mathrm{i}\,\boldsymbol{k}_i\cdot\boldsymbol{r}-\frac{\mathrm{i}}{2k_i}\int_{-\infty}^{t}\mathrm{d}zU(\boldsymbol{b},z',\boldsymbol{Y})\right]\theta(\boldsymbol{Y})$$
$$=\varphi(\boldsymbol{r})\theta(\boldsymbol{Y}) \tag{2-26}$$

式中，$\theta(\boldsymbol{Y})$ 表示靶核的内禀状态，$\varphi(\boldsymbol{r})$ 表示入射粒子的扭曲波函数，$U(\boldsymbol{b},z',\boldsymbol{Y})$ 表示入射道入射粒子同靶核中所有核子的相互作用势。如式(2-21)、式(2-22)所示，核子与靶核的两体间散射振幅可写成

$$f(\boldsymbol{q})=-2\pi^2\langle\boldsymbol{\Psi}_\infty\mid\hat{U}\mid\boldsymbol{\Psi}_0\rangle$$
$$=-2\pi^2\int\mathrm{d}\boldsymbol{r}\langle\theta_\beta\mid(2\pi)^{-3/2}\exp(-\mathrm{i}\,\boldsymbol{k}_f\cdot\boldsymbol{r})U(\boldsymbol{b},z,\boldsymbol{Y})\times$$
$$(2\pi)^{-3/2}\exp\left[-\mathrm{i}\,\boldsymbol{k}_i\cdot\boldsymbol{r}-\frac{\mathrm{i}}{2k_i}\int_{-\infty}^{t}\mathrm{d}z'U(\boldsymbol{b},z',\boldsymbol{Y})\right]\mid\theta_0\rangle$$
$$=-\frac{1}{4\pi}\int\mathrm{d}\boldsymbol{r}\exp(\mathrm{i}\boldsymbol{q}\cdot\boldsymbol{r})\langle\theta_\beta\mid U(\boldsymbol{b},z,\boldsymbol{Y})\exp\left[-\frac{\mathrm{i}}{2k_i}\int_{-\infty}^{t}\mathrm{d}z'U(\boldsymbol{b},z',\boldsymbol{Y})\right]\mid\theta_0\rangle$$
$$\tag{2-27}$$

式中，$\boldsymbol{Y}$ 为靶核核子相对于原点的坐标，θ_0、θ_β 分别为靶核的初态和末态波函数，且初态为基态，$\boldsymbol{q}$ 为动量转移，在高能、小角度散射反应中，可忽略 $\boldsymbol{q}$ 的纵向部分，式(2-27)可以表示为

$$f(\boldsymbol{q}) = -\frac{\mathrm{i}\,k_{\mathrm{i}}}{2\pi}\int \mathrm{d}\boldsymbol{b}\exp(\mathrm{i}\boldsymbol{q}\cdot\boldsymbol{b})\langle\theta_\beta\mid 1-\exp\left[-\frac{\mathrm{i}}{2k_{\mathrm{i}}}\int_{-\infty}^{+\infty}\mathrm{d}zU(\boldsymbol{b},z,\boldsymbol{Y})\right]\mid\theta_0\rangle$$

$$(2-28)$$

设总的相移函数为

$$\chi_{\mathrm{tot}}(\boldsymbol{b},\boldsymbol{t}_1,\cdots,\boldsymbol{t}_N) = -\frac{1}{2k_{\mathrm{i}}}\int_{-\infty}^{+\infty}\mathrm{d}zU(\boldsymbol{b},z,\boldsymbol{Y}) \qquad (2-29)$$

鉴于高能散射时入射粒子与靶核中的核子间两体相互作用占优,忽略多体相互作用及靶核中核子相对运动的前提下,Glauber 将多体散射的总相移函数 $\chi_{\mathrm{tot}}(\boldsymbol{b},\boldsymbol{t}_1,\cdots,\boldsymbol{t}_N)$ 等效为入射粒子与靶核的每个核子两体散射相移函数 χ_j 总和,将散射的多体问题简化为两体问题。如图 2-2 所示,入射中子与靶核中第 j 个核子之间的碰撞参数为 $\boldsymbol{b}-\boldsymbol{t}_j$,则有

$$\chi_{\mathrm{tot}}(\boldsymbol{b},\boldsymbol{t}_1,\cdots,\boldsymbol{t}_N) = \sum_{j-1}^{N}\chi_j(\boldsymbol{b}-\boldsymbol{t}_j) \qquad (2-30)$$

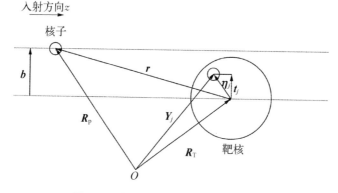

图 2-2 核子(中子)-靶核反应示意图

同样地,引入剖面函数,Γ_{tot} 为总的剖面函数,Γ_j 为中子与靶核中第 j 个核子间的剖面函数:

$$\Gamma_{\mathrm{tot}}(\boldsymbol{b},\boldsymbol{t}_1,\cdots,\boldsymbol{t}_N) = 1-\exp[\mathrm{i}\chi_{\mathrm{tot}}(\boldsymbol{b},\boldsymbol{t}_1,\cdots,\boldsymbol{t}_N)] \qquad (2-31)$$

$$\Gamma_j(\boldsymbol{b}-\boldsymbol{t}_j) = 1-\exp[\mathrm{i}\chi_j(\boldsymbol{b}-\boldsymbol{t}_j)] \qquad (2-32)$$

两者之间的关系为

$$\Gamma_{\text{tot}}(\boldsymbol{b},\,\boldsymbol{t}_1,\,\cdots,\,\boldsymbol{t}_N)=1-\prod_{j=1}^{N}\big[1-\Gamma_j(\boldsymbol{b}-\boldsymbol{t}_j)\big] \qquad (2-33)$$

$$=\sum_{j=1}^{N}\Gamma_j-\sum_{j\neq1}^{N}\Gamma_j\Gamma_j+\cdots+(-1)^{N-1}\prod_{j=1}^{N}\Gamma_j \qquad (2-34)$$

所以，中子与靶核之间的散射振幅可以表示为

$$f_\beta(\boldsymbol{q})=-\frac{\mathrm{i}\,k_\mathrm{i}}{2\pi}\int\mathrm{d}\boldsymbol{b}\exp(\mathrm{i}\boldsymbol{q}\boldsymbol{\cdot}\boldsymbol{b})\langle\theta_\beta\mid 1-\prod_{j=1}^{N}\big[1-\Gamma_j(\boldsymbol{b}-\boldsymbol{t}_j)\big]\mid\theta_0\rangle \quad (2-35)$$

得到中子与靶核的散射振幅之后，我们继续分析核芯与靶核的散射。入射核（核芯）和靶核的质心位置矢量分别为 $\boldsymbol{R}_\mathrm{P}(\boldsymbol{R}_\mathrm{C})$、$\boldsymbol{R}_\mathrm{T}$，入射核中第 i 个核子相对原点的位置为 $\boldsymbol{X}_i$，$\boldsymbol{Y}_j$ 则是靶核中第 j 个核子相对于原点的位置。从图 2-3 中也可以看出入射核的第 i 个核子与靶核中第 j 个核子两体散射的碰撞参数为 $\boldsymbol{X}_i^\perp-\boldsymbol{Y}_j^\perp=\boldsymbol{b}+\boldsymbol{s}_i-\boldsymbol{t}_j$，其中 $\boldsymbol{s}_i$、$\boldsymbol{t}_j$ 是 $\boldsymbol{r}_i$、$\boldsymbol{\eta}_j$ 在垂直于入射方向的投影矢量。考虑到入射核和靶核的内禀状态和结构变化，反应开始之前入射核处于基态且静止，用 Φ_0 来表示。靶核处于基态并以 $-\hbar\boldsymbol{k}$ 的动量靠近反应区域，其基态波函数为 θ_0。反应后的入射核处于 Φ_α 态，靶核处于 θ_β 态，动量为 $-\hbar\boldsymbol{k}-\hbar\boldsymbol{q}$。整个过程动量转移为 $\hbar\boldsymbol{q}$，$\alpha=0$，$\beta=0$ 代表整个过程中入射核与靶核都处于基态，表示弹性散射过程。所以整个过程可以表示为

$$\mathrm{P}(\mid 0,\,\Phi_0\rangle)+\mathrm{T}(\mid-\boldsymbol{k},\,\theta_0\rangle)\rightarrow\mathrm{P}(\mid\boldsymbol{q},\,\Phi_\alpha\rangle)+\mathrm{T}(\mid-\boldsymbol{k}-\boldsymbol{q},\,\theta_\beta\rangle) \quad (2-36)$$

式中，P 代表入射核（晕核），T 代表靶核。

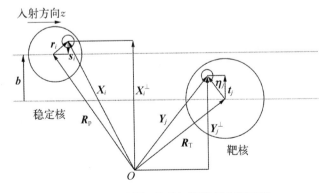

图 2-3　入射核（核芯）-靶核反应示意图

入射核中每个核子与靶核中每个核子的两体散射相移函数 χ_{ij} 的总和表示总相移 χ_{tot}：

$$\chi_{\text{tot}}(\boldsymbol{b},\, \boldsymbol{s}_1,\, \cdots,\, \boldsymbol{s}_N,\, \boldsymbol{t}_1,\, \cdots,\, \boldsymbol{t}_M) = \sum_{i=1}^{N} \sum_{j=1}^{M} \chi_{ij}(\boldsymbol{b} + \boldsymbol{s}_i - \boldsymbol{t}_j) \qquad (2-37)$$

引入两体散射的剖面函数 Γ_{ij}

$$\Gamma_{ij}(\boldsymbol{b} + \boldsymbol{s}_i - \boldsymbol{t}_j) = 1 - \exp[\mathrm{i}\chi_{ij}(\boldsymbol{b} + \boldsymbol{s}_i - \boldsymbol{t}_j)] \qquad (2-38)$$

所以，总的剖面函数可以表示成

$$\Gamma_{\text{tot}}(\boldsymbol{b},\, \boldsymbol{s}_1,\, \cdots,\, \boldsymbol{s}_N,\, \boldsymbol{t}_1,\, \cdots,\, \boldsymbol{t}_M) = 1 - \exp[\mathrm{i}\chi_{\text{tot}}(\boldsymbol{b},\, \boldsymbol{s}_1,\, \cdots,\, \boldsymbol{s}_N,\, \boldsymbol{t}_1,\, \cdots,\, \boldsymbol{t}_M)]$$
$$= 1 - \prod_{i=1}^{N} \prod_{j=1}^{M} [1 - \Gamma_{ij}(\boldsymbol{b} + \boldsymbol{s}_i - \boldsymbol{t}_j)] \qquad (2-39)$$

根据 Glauber 模型，入射核与靶核之间的散射振幅可以表示为

$$F_{\alpha\beta}(\boldsymbol{q}) = \frac{\mathrm{i}k}{2\pi} \int \mathrm{d}\boldsymbol{b} \exp(-\mathrm{i}\boldsymbol{q} \cdot \boldsymbol{b}) \langle \Phi_\alpha\, \theta_\beta | 1 - \prod_{i=1}^{N} \prod_{j=1}^{M} [1 - \Gamma_{ij}(\boldsymbol{b} + \boldsymbol{s}_i - \boldsymbol{t}_j)] | \Phi_0\, \theta_0 \rangle$$

$$(2-40)$$

继得到中子与靶核的散射振幅、核芯与靶核的散射振幅之后，由于单中子晕核可以简化地看作由核芯(入射核)和价核子两部分组成，于是，我们可以使用之前得到的核子-靶核相移函数和核芯(入射核)-靶核相移函数来描述晕核与靶核的反应。

从图 2-4 中可以看出晕核中的第 i 个核子与靶核中第 j 个核子之间的碰撞参数为 $\boldsymbol{X}_i^\perp - \boldsymbol{Y}_j^\perp$，可表示成

$$\boldsymbol{X}_i^\perp - \boldsymbol{Y}_j^\perp = \boldsymbol{b} + \boldsymbol{s}_i^{\mathrm{P}} - \boldsymbol{s}_j^{\mathrm{T}} \qquad (2-41)$$

晕核质心与靶核之间的碰撞参数为 $\boldsymbol{b}$，晕核核芯与靶核的碰撞参数为 $\boldsymbol{b}'$

$$\boldsymbol{b} = \boldsymbol{b}' - (\boldsymbol{s}_1 + \boldsymbol{s}_2 + \cdots + \boldsymbol{s}_m)/A_{\mathrm{P}} \qquad (2-42)$$

式中，A_{P} 是晕核的质量数。设 $\boldsymbol{s}_i^{\mathrm{P}}(\boldsymbol{s}_j^{\mathrm{T}})$ 是晕(靶)核中第 $i(j)$ 个核子相对其质心坐标垂直于入射方向(z 轴)的投影。晕核-靶核散射过程可以这样描述：

$$\mathrm{P}(|\,0,\, \Phi_0\rangle) + \mathrm{T}(|-\boldsymbol{k},\, \theta_0\rangle) \rightarrow \mathrm{P}(|\,\boldsymbol{q},\, \Phi_\alpha\rangle) + \mathrm{T}(|-\boldsymbol{k}-\boldsymbol{q},\, \theta_c\rangle)$$

$$(2-43)$$

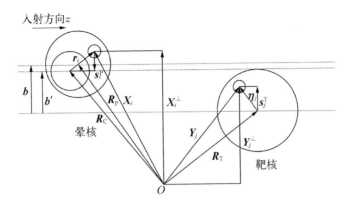

图 2 - 4　晕核-靶核反应示意图

式中，P 代表入射核（晕核），T 代表靶核。反应开始前晕核处于基态，其波函数为 Φ_0，动量为 $\hbar\boldsymbol{k} = (0,\,0,\,\hbar k)$，靶核也处于基态，其波函数为 θ_0。反应后，晕核的末态为 Φ_a，靶核的末态为 θ_c，其中 Φ_a 不一定是束缚态，也可以包含连续态。这个过程动量转移 $\hbar\boldsymbol{q}$。根据 Glauber 模型，晕核与靶核之间的散射振幅可以表示为

$$F_{ac}(\boldsymbol{q}) = \frac{\mathrm{i}k}{2\pi}\int \mathrm{d}\boldsymbol{b}\exp(-\mathrm{i}\boldsymbol{q}\cdot\boldsymbol{b})\langle\Phi_a\,\theta_c\,|\,1-\prod_{i=1}^{N}\prod_{j=1}^{M}\left[1-\Gamma_{ij}(\boldsymbol{b}+\boldsymbol{s}_i^{\mathrm{P}}-\boldsymbol{s}_j^{\mathrm{T}})\right]\,|\,\Phi_0\,\theta_0\rangle$$

$$(2-44)$$

弹性散射振幅则可以表示为

$$F_{00}(\boldsymbol{q}) = \frac{\mathrm{i}k}{2\pi}\int \mathrm{d}\boldsymbol{b}\exp(-\mathrm{i}\boldsymbol{q}\cdot\boldsymbol{b})\langle\Phi_0\,\theta_0\,|\,1-\prod_{i=1}^{N}\prod_{j=1}^{M}\left[1-\Gamma_{ij}(\boldsymbol{b}+\boldsymbol{s}_i^{\mathrm{P}}-\boldsymbol{s}_j^{\mathrm{T}})\right]\,|\,\Phi_0\,\theta_0\rangle$$

$$(2-45)$$

定义光学相移函数 χ_{PT}：

$$\exp[\mathrm{i}\,\chi_{\mathrm{PT}}(\boldsymbol{b})] = \langle\Phi_0\,\theta_0\,|\,\prod_{i=1}^{N}\prod_{j=1}^{M}\left[1-\Gamma_{ij}(\boldsymbol{b}+\boldsymbol{s}_i^{\mathrm{P}}-\boldsymbol{s}_j^{\mathrm{T}})\right]\,|\,\Phi_0\,\theta_0\rangle \quad (2-46)$$

所以，弹性散射振幅可以表示为

$$F_{00}(\boldsymbol{q}) = \frac{\mathrm{i}k}{2\pi}\int \mathrm{d}\boldsymbol{b}\exp(-\mathrm{i}\boldsymbol{q}\cdot\boldsymbol{b})\{1-\exp[\mathrm{i}\,\chi_{\mathrm{PT}}(\boldsymbol{b})]\} \qquad (2-47)$$

2.3.2 核芯-靶核和晕核-靶核反应截面

反应截面是实验上确定晕核的重要物理量。我们定义反应道截面:

$$\sigma_{ac} = \int \frac{\mathrm{d}\boldsymbol{q}}{k^2} \mid F_{ac}(\boldsymbol{q}) \mid^2 \tag{2-48}$$

那么,反应截面是总截面扣除弹性道 (σ_{00}) 的部分:

$$\sigma_{\mathrm{R}}(\mathrm{P}+\mathrm{T}) = \sum_{ac \neq 00} \sigma_{ac} = \sigma_{\mathrm{tot}} - \sigma_{00} \tag{2-49}$$

下标 ac 代表体系最终态。由光学定理可知核子-核子散射的总截面为

$$\sigma_{\mathrm{tot}} = \frac{4\pi}{k} \mathrm{Im}[F_{00}(0)] = \int \mathrm{d}\boldsymbol{b} \{2 - 2\mathrm{Re}[\mathrm{e}^{\mathrm{i}\chi_{\mathrm{PT}}(\boldsymbol{b})}]\} \tag{2-50}$$

因为弹性道反应截面

$$\sigma_{00} = \int \frac{\mathrm{d}\boldsymbol{q}}{k^2} \mid F_{00}(\boldsymbol{q}) \mid^2 = \int \mathrm{d}\boldsymbol{b} \{1 - 2\mathrm{Re}[\mathrm{e}^{-\mathrm{i}\chi_{\mathrm{PT}}(\boldsymbol{b})}] + \mid \mathrm{e}^{\mathrm{i}\chi_{\mathrm{PT}}(\boldsymbol{b})} \mid^2\} \tag{2-51}$$

可得到晕核-靶核的反应截面为

$$\sigma_{\mathrm{R}}(\mathrm{P}+\mathrm{T}) = \int \mathrm{d}\boldsymbol{b} (1 - \mid \mathrm{e}^{\mathrm{i}\chi_{\mathrm{PT}}(\boldsymbol{b})} \mid^2) \tag{2-52}$$

此处利用完备性关系 $\sum_{ac} \mid \Phi_a \theta_c \rangle \langle \Phi_a \theta_c \mid = 1$ 及幺正性,得到 $\mid 1 - \Gamma \mid^2 = 1$。
同理可以得到核芯(用 C 表示)-靶核的反应截面为

$$\sigma_{\mathrm{R}}(\mathrm{C}+\mathrm{T}) = \int \mathrm{d}\boldsymbol{b} (1 - \mid \mathrm{e}^{\mathrm{i}\chi_{\mathrm{CT}}(\boldsymbol{b})} \mid^2) \tag{2-53}$$

由于入射核是由一个核芯和一个价中子耦合的系统,所以体系基态波函数 Φ_0 可以表示成

$$\Phi_0 = \varphi_0 \Psi_0 \tag{2-54}$$

式中,Ψ_0 为核芯的基态波函数,φ_0 为价中子波函数。对于确定的量子数,价核子波函数为

$$\varphi_{nljm}(r) = u_{nlj}(r) \sum_{m_l m_s} \langle l \, m_l \, \frac{1}{2} \, m_s \mid jm \rangle Y_{lm_l}(\hat{r}) \chi_{\frac{1}{2} m_s} \tag{2-55}$$

$ru_{nlj}(r)$ 为径向波函数，$r=(s，z)$ 是核芯的质心到价中子的位置坐标，n 为主量子数。

利用光学极限近似（optical limit approximation，OLA）模型，即忽略入射核、靶核间的多重散射，对核芯和靶核坐标进行积分，对价中子坐标不做近似，经过这种处理后可以得到：

$$\mathrm{e}^{[\mathrm{i}\chi_{\mathrm{PT}}(\boldsymbol{b})]} \rightarrow \langle \varphi_0 \mid \mathrm{e}^{[\mathrm{i}\chi_{\mathrm{CT}}(\boldsymbol{b}_c)+\mathrm{i}\chi_{\mathrm{NT}}(\boldsymbol{b}_c+\boldsymbol{s})]} \mid \varphi_0 \rangle \qquad (2-56)$$

所以，晕核-靶核反应截面表示为

$$\sigma_{\mathrm{R}}(\mathrm{P}+\mathrm{T}) = \int \mathrm{d}\boldsymbol{b}(1-\mid \langle \varphi_0 \mid \mathrm{e}^{[\mathrm{i}\chi_{\mathrm{CT}}(\boldsymbol{b}_c)+\mathrm{i}\chi_{\mathrm{NT}}(\boldsymbol{b}_c+\boldsymbol{s})]} \mid \varphi_0 \rangle \mid^2) \qquad (2-57)$$

可通过对始态角动量取平均，并对所有可能的末态角动量 z 分量求和来计算。一个自旋无关算子的矩阵元素 $\langle \varphi_0 \mid \hat{\Omega}(\boldsymbol{b}，\boldsymbol{s}) \mid \varphi_0 \rangle$ 可以近似于角动量 z 分量的平均值，也就是

$$\langle \varphi_0 \mid \hat{\Omega}(\boldsymbol{b}，\boldsymbol{s}) \mid \varphi_0 \rangle \rightarrow \frac{1}{2j+1}\sum_{m=-j}^{j}\int \mathrm{d}\boldsymbol{r}\, \varphi_{nljm}^{*}(\boldsymbol{r})\Omega(\boldsymbol{b}，\boldsymbol{s})\,\varphi_{nljm}(\boldsymbol{r})$$

$$= \frac{1}{4\pi}\int \mathrm{d}\boldsymbol{r} \mid u_{nlj}(r) \mid^2 \Omega(\boldsymbol{b}，\boldsymbol{s}) \qquad (2-58)$$

其中忽略了同位旋效应。用 $\rho_{\mathrm{C}}(\boldsymbol{r})$ 和 $\rho_{\mathrm{T}}(\boldsymbol{\eta})$ 分别表示核芯、靶核的密度分布，且满足归一化条件[33]，也就是满足 $\int \rho_{\mathrm{C}}(\boldsymbol{r})\mathrm{d}\boldsymbol{r}=A$。最后，我们得到

$$\mathrm{i}\,\chi_{\mathrm{CT}}(\boldsymbol{b}) = -\int \mathrm{d}\boldsymbol{r}\int \mathrm{d}\boldsymbol{\eta}\rho_{\mathrm{C}}(\boldsymbol{r})\rho_{\mathrm{T}}(\boldsymbol{\eta})\Gamma(\boldsymbol{b}+\boldsymbol{s}-\boldsymbol{t}) \qquad (2-59)$$

同理，我们可以得到

$$\mathrm{i}\chi_{\mathrm{NT}}(\boldsymbol{b}) = \int \mathrm{d}\boldsymbol{\eta}\rho_{\mathrm{T}}(\boldsymbol{\eta})\Gamma(\boldsymbol{b}-\boldsymbol{s}) \qquad (2-60)$$

Γ 为剖面函数，$\Gamma(\boldsymbol{b})=\dfrac{1-\mathrm{i}\alpha_{\mathrm{NN}}}{4\pi\beta_{\mathrm{NN}}}\sigma_{\mathrm{NN}}\exp\left(\dfrac{-\boldsymbol{b}^2}{2\beta_{\mathrm{NN}}}\right)$，其中 α_{NN} 和 β_{NN} 是由核子-核子散射实验得到的参数，σ_{NN} 是核子-核子散射截面，可写成

$$\sigma_{\mathrm{NN}} = \frac{N_{\mathrm{P}}N_{\mathrm{T}}\sigma_{\mathrm{nn}}+Z_{\mathrm{P}}Z_{\mathrm{T}}\sigma_{\mathrm{pp}}+N_{\mathrm{P}}Z_{\mathrm{T}}\sigma_{\mathrm{np}}+N_{\mathrm{T}}Z_{\mathrm{P}}\sigma_{\mathrm{np}}}{A_{\mathrm{P}}A_{\mathrm{T}}} \qquad (2-61)$$

σ_{NN} 需要对同位旋取平均，A_P、A_T、Z_P、Z_T、N_P、N_T 分别是弹核、靶核的质量数、电荷数、中子数。σ_{nn}、σ_{pp}、σ_{np} 是依赖于能量的中子-中子、质子-质子和中子-质子散射截面，采用文献[35] 中的表达式：

$$\sigma_{nn} = \sigma_{pp} = 13.73 - 15.04/\beta + 8.76/\beta^2 + 68.67\beta^4 \tag{2-62}$$

$$\sigma_{np} = -70.67 - 18.18/\beta + 25.26/\beta^2 + 113.85\beta \tag{2-63}$$

式中，$\beta = v/c$，v 表示粒子速度，c 表示光速。由上面的方程可知，相移函数除了是与碰撞参数以及价中子坐标有关的多重积分外，还是核芯密度和靶核密度的积分，而且这些积分在指数上，直接计算有一定困难。为了解析求解相移函数，通常的做法是将核芯的密度分布和靶核的密度分布用多组高斯函数拟合，如下：

$$\rho(r) = \sum_i c_i \exp[-a_i r^2] \tag{2-64}$$

采用多组高斯函数之和形式的拟合密度，然后在坐标空间对解析的被积函数直接积分，可得到相移函数。具体操作可以参考文献[33]。

虽然用多组高斯函数之和拟合得到相移函数的方式简单，但是并不能完全真实地反映微观理论模型给出的密度分布，实践证明拟合的近似计算最终会引起反应截面较大的偏差。为了直接使用密度分布，在球形核情况下，我们通过做傅里叶变换，用动量直接积分的数值计算方式来求解相移函数。在球形核的情况下，利用 $f_{NN}(\boldsymbol{q})$ 与剖面函数 $\Gamma_{NN}(\boldsymbol{b})$ 的关系：

$$\Gamma_{NN}(\boldsymbol{b}) = \frac{1}{2\pi i k_{NN}}\int d\boldsymbol{q}\exp(-i\boldsymbol{q}\cdot\boldsymbol{b})f_{NN}(\boldsymbol{q}) \tag{2-65}$$

可将式(2-59)通过傅里叶变换变为如下的一维公式：

$$i\chi_{CT}(b) = \int dq q\,\rho_C(q)\,\rho_T(q)\,f_{NN}(q)J_0(qb) \tag{2-66}$$

式中，$J_0(qb)$ 为零阶贝塞尔函数，$f_{NN}(q) = \frac{k_{NN}}{4\pi}\sigma_{NN}(i+\alpha_{NN})\exp(-\beta_{NN}q^2/2)$，$\sigma_{NN}$、$\alpha_{NN}$ 和 β_{NN} 是对同位旋取平均后的核子-核子散射实验得到的参数。

通过这种方式，可将结构模型给出的密度分布直接读入 Glauber 模型，从而得到对应于晕核弥散密度分布的更为确切的反应物理量的描述。在 2.4 节中我们对比了两种相移函数计算方法得到的晕核反应物理量，相对误差在 3% 左右，绝对误差大概为 50 mb。细节详见 2022 年 1 月发表在 *Journal of Physics G* 第二期的封面文章[36]。

2.3.3　去中子截面

入射核在碰撞靶核后失去一个中子的反应为去中子反应。去中子截面可以反映入射核内的价核子被束缚的紧密程度，是确定入射核是否为晕核的另一个重要的实验可观测量。去中子截面 σ_{-N} 的定义为

$$\sigma_{-N} = \sum_c \int \mathrm{d}\boldsymbol{k}\, \sigma_{a=(k,\,g=0),\,c} \qquad (2-67)$$

入射核由波函数为 Φ_g 的核芯和相对核芯动量为 $\hbar\boldsymbol{k}$ 的价中子构成。假设核芯一直处于基态。把去核子截面分为弹性 $(c=0)$ 和非弹性 $(c\neq0)$ 的两个部分，即 $\sigma_{-N}=\sigma_{-N}^{\mathrm{el}}+\sigma_{-N}^{\mathrm{inel}}$。其中，弹性散射截面表示为

$$\sigma_{-N}^{\mathrm{el}} = \int \mathrm{d}\boldsymbol{b}\, \langle \varphi_0 \mid \exp[-2\mathrm{Im}\,\chi_{\mathrm{CT}}(\boldsymbol{b}_c) - 2\mathrm{Im}\,\chi_{\mathrm{NT}}(\boldsymbol{b}_c+\boldsymbol{s})] \mid \varphi_0 \rangle -$$
$$\mid \langle \varphi_0 \mid \mathrm{e}^{-2\mathrm{i}\chi_{\mathrm{CT}}(\boldsymbol{b}_c)-2\mathrm{i}\chi_{\mathrm{NT}}(\boldsymbol{b}_c+\boldsymbol{s})} \mid \varphi_0 \rangle \mid^2 \qquad (2-68)$$

非弹性散射截面表示为

$$\sigma_{-N}^{\mathrm{inel}} = \int \mathrm{d}\boldsymbol{b}\, \langle \varphi_0 \mid \exp[-2\mathrm{Im}\,\chi_{\mathrm{CT}}(\boldsymbol{b}_c)] - \exp[-2\mathrm{Im}\,\chi_{\mathrm{CT}}(\boldsymbol{b}_c) -$$
$$2\mathrm{Im}\,\chi_{\mathrm{NT}}(\boldsymbol{b}_c+\boldsymbol{s})] \mid \varphi_0 \rangle \qquad (2-69)$$

在入射能量大于 200 MeV/u(MeV/u 表示每核子能量单位)的条件下，晕核的去中子截面可以近似为晕核-靶核反应截面和核芯-靶核反应截面的差值，即

$$\sigma_{-N} \approx \sigma_R(\mathrm{P+T}) - \sigma_R(\mathrm{C+T}) \qquad (2-70)$$

2.3.4　纵向动量分布

纵向动量分布是指平行于入射方向的、破裂反应后剩余部分的动量分布。去中子反应后的价核子-核芯纵向动量分布是确定入射核是否为晕核、入射核

价核子轨道角动量组分的重要可观测物理量。去中子截面分为弹性和非弹性两部分。在入射能量为每核子几百兆电子伏特的条件下,非弹性的部分占优。所以,在计算动量分布时,我们计算的是非弹性入射后的价核子相对核芯的动量分布。设此动量为 $\boldsymbol{P}=(\boldsymbol{P}_\perp, \boldsymbol{P}_\parallel)$,反应后价核子处于动量为 $\hbar k$ 的连续态。假设核芯仍为基态,通过下式计算纵向动量分布:

$$\frac{\mathrm{d}\,\sigma_{-\mathrm{N}}^{\mathrm{inel}}}{\mathrm{d}\boldsymbol{P}}=\int\frac{\mathrm{d}\boldsymbol{q}}{\boldsymbol{K}^2}\sum_{c\neq0}\int\mathrm{d}k\,\delta\left(\boldsymbol{P}-\frac{A_{\mathrm{C}}}{A_{\mathrm{P}}}\hbar\boldsymbol{q}+\hbar k\right)\mid F_{(k,\,0)_c}(\boldsymbol{q})\mid^2 \quad (2-71)$$

式中,A_{C}、A_{P} 是核芯和入射核的原子核质量数。原则上,应通过动力学方程求解核子的散射波函数,但此处我们采用平面波近似。在此处做这样的处理也是因为忽略末态相互作用,价核子处于连续态的波函数可以用自由粒子平面波近似,也就是

$$\varphi_{r_1\cdots r_m}=\frac{1}{(2\pi)^{3m/2}}\exp\left(\sum_{i=1}^{m}\mathrm{i}\,\boldsymbol{k}_i\cdot\boldsymbol{r}_i\right) \quad (2-72)$$

于是,纵向动量分布可以简化成

$$\frac{\mathrm{d}\,\sigma_{-\mathrm{N}}^{\mathrm{inel}}}{\mathrm{d}\boldsymbol{P}}=\int\mathrm{d}\,\boldsymbol{b}_{\mathrm{N}}(1-\mathrm{e}^{-2\mathrm{Im}\chi_{\mathrm{NT}}(\boldsymbol{b}_{\mathrm{N}})})\times$$

$$\frac{1}{(2\pi\hbar)^3}\frac{1}{2j+1}\sum_{mm_s}\left|\int\mathrm{d}\boldsymbol{r}\,\mathrm{e}^{\frac{\mathrm{i}}{\hbar}\boldsymbol{P}\cdot\boldsymbol{r}}\chi_{\frac{1}{2}m_s}^{*}\,\mathrm{e}^{\mathrm{i}\chi_{\mathrm{CT}}(\boldsymbol{b}_{\mathrm{N}}-s)}\,\varphi_{nljm}(\boldsymbol{r})\right|^2 \quad (2-73)$$

式中,$\boldsymbol{b}_{\mathrm{N}}$ 表示价中子相对于靶核的碰撞参数。对动量的垂直分量 $\boldsymbol{P}_\perp$ 进行全积分得到纵向动量分布:

$$\frac{\mathrm{d}\,\sigma_{-\mathrm{N}}^{\mathrm{inel}}}{\mathrm{d}\boldsymbol{P}_\parallel}=\int\mathrm{d}\,\boldsymbol{P}_\perp\frac{\mathrm{d}\,\sigma_{-\mathrm{N}}^{\mathrm{inel}}}{\mathrm{d}\boldsymbol{P}}=\frac{1}{2\pi\hbar}\int\mathrm{d}\,\boldsymbol{b}_{\mathrm{N}}(1-\mathrm{e}^{-2\mathrm{Im}\chi_{\mathrm{NT}}(\boldsymbol{b}_{\mathrm{N}})})\int\mathrm{d}\boldsymbol{s}\,\mathrm{e}^{-2\mathrm{Im}\chi_{\mathrm{CT}}(\boldsymbol{b}_{\mathrm{N}}-s)}\times$$

$$\int\mathrm{d}z\int\mathrm{d}z'\,\mathrm{e}^{\frac{\mathrm{i}}{\hbar}\boldsymbol{P}_\parallel(z-z')}\,u_{nlj}^{*}(r')\,u_{nlj}(r)\frac{1}{4\pi}P_l(\hat{\boldsymbol{r}}\cdot\hat{\boldsymbol{r}}') \quad (2-74)$$

式中,$\boldsymbol{r}=(s,z)$,$\boldsymbol{r}'=(s',z')$,P_l 是勒让德多项式。

至此,我们在 Glauber 模型的框架下,得到核芯-靶核和晕核-靶核的反应截面、去中子截面和纵向动量分布的具体表达式,将用于下节的实际应用,并给出数值计算结果。

2.4 应用举例：丰中子氖同位素晕核的反应描述

鉴于晕核结构和反应研究的重要性，以及当前微观核结构理论的蓬勃发展，我们在本章的最后，采用基于协变密度泛函的理论，并结合 Glauber 模型，研究丰中子氖同位素链中子晕现象的形成机制。具体地，在考虑共振态连续谱贡献和对关联效应的相对论平均场理论框架下，从结构到反应研究^{31}Ne 晕核形成的反应证据；理论预言反应截面、去中子截面以及纵向动量分布，并与最新的实验结果进行比较。一方面，可以通过联系微观结构与宏观实验，检验结构模型；另一方面，可靠的理论模型将为今后寻找晕核的实验提供必要的支撑和方向。

下面，利用上述的 Glauber 模型理论框架，计算丰中子氖同位素链与碳靶反应的总反应截面、去中子截面和纵向动量分布，从反应可观测量的视角寻找晕核形成的可能性。实际上，我们采用三种理论模型，即相对论平均场框架下考虑对关联和连续谱、相对论平均场框架下考虑形变及对关联和连续谱、非相对论平均场框架下考虑对关联，给出核结构信息，再分别结合 Glauber 模型得到反应可观测量。这里，我们只给出相对论平均场框架下，考虑对关联和连续谱的理论结合 Glauber 模型的结果，其他可查询作者近期发表的论文。

我们采用球形相对论平均场（relativistic mean field，RMF）理论＋耦合常数解析延拓（analytical continuation of the coupling constant，ACCC）方法＋BCS 近似，简称 RAB 结构模型[24]提供核芯密度分布和价中子波函数，作为 Glauber 模型的输入，求解得到入射能量为 240 MeV/u 的条件下，丰中子氖同位素与碳靶的反应截面[36]，如图 2-5 所示。为对比差异，我们也计算了通过高斯函数组拟合 RAB 方法得到的核芯密度分布方式，进一步得到反应截面。

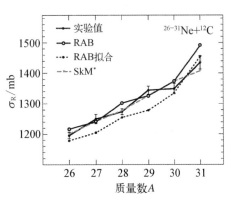

图 2-5 入射能量为 240 MeV/u 的条件下，丰中子氖同位素与碳靶的反应截面

图 2-5 中黑色圆点实线是直接读入 RAB 模型得到的核芯密度分布结合 Glauber 模型得到的丰中子氖同位素链与 ^{12}C 靶的反应截面,黑色圆点虚线是用高斯函数组拟合 RAB 核芯密度分布得到的结果,SkM*(灰色倒三角点虚线)为非相对论 SHF 方法给出的结构信息作为 Glauber 模型输入得到的结果,数据来自文献[31],带误差棒的黑色点是实验上测得的 ^{A}Ne+^{12}C 相互作用截面(σ_I)[37]。其中,σ_I 是相互作用截面,σ_R 是反应截面。由于在入射能量为 240 MeV/u 的情况下,两者近似相等。所以,这里可以直接比较。

从图 2-5 中可以看到:非相对论 SHF 模型 SkM* 相互作用给出的结构信息作为 Glauber 模型输入得到的丰中子氖同位素与碳靶的反应截面,同^{30}Ne 和^{31}Ne 的实际观测量相比,存在一定的偏差,并没有看到^{31}Ne 和碳靶反应截面的异常增加。这与非相对论 SHF 模型没有考虑对关联和连续谱的贡献有关。RAB 模型结构信息得到的丰中子氖同位素打碳靶反应的反应截面,总体趋势与实验值符合得比较好。从^{28}Ne 到^{29}Ne,打碳靶的反应截面增加得并不明显,但从^{30}Ne 到^{31}Ne 的反应截面增加尤为显著。这说明与相邻的同位素核相比,^{31}Ne 的半径明显变大,暗示^{31}Ne 具有弥散的空间密度分布,这与之前 RAB 模型直接计算丰中子氖同位素半径得到的结论一致。由于^{29}Ne 打碳靶的反应截面与实验值存在偏差,所以很难判断其中是否有中子晕结构。此外,用高斯函数组拟合弹核的核芯密度计算得到的氖同位素打碳靶的反应截面,比直接读入弹核的核芯密度的相应结果低约 3%(约 50 mb 的差距)。这说明具有极端中质比的奇特核的核芯密度分布相对弥散,不适合用高斯函数组去拟合,否则容易引起明显的偏差。

表 2-1 列出了入射能量为 240 MeV/u,不同模型给出的结构信息作为 Glauber 模型的输入计算出的^{31}Ne 与^{12}C 反应的去中子截面。SLy4 和 SkM* 作为 Glauber 模型输入的数据来自文献[31],实验值来自文献[28]。可以看到,非相对论 SHF 模型参数组 SLy4 和 SkM* 给出的结构信息作为 Glauber 模型的输入,计算得到的^{31}Ne 打^{12}C 反应的去中子截面比实验值低。这与之前非相对论 SHF 模型给出的结构信息作为 Glauber 模型输入,描述^{31}Ne 打碳靶的反应截面存在偏差相对应。

表 2 - 1　不同结构模型的 ^{31}Ne 打碳靶的去中子截面

模　型	RAB	SLy4	SkM*	实验值
σ_{-N}/mb	120	52	34	86 ± 28
相对误差	0.395 ± 0.326	−0.395 ± 0.326	−0.605 ± 0.326	— —

进一步,研究 ^{27,29,31}Ne 打 ^{12}C 反应的去中子截面随着入射能量 E 的变化,如图 2 - 6 所示。直线表示 RAB 模型结合 Glauber 模型的计算结果,虚线表示用高斯函数组拟合 RAB 模型给出的结构信息,再结合 Glauber 模型的计算结果。浅灰色、深灰色和黑色线分别是 ^{27}Ne、^{29}Ne 和 ^{31}Ne 与碳靶反应的去中子截面,虚线是对氖同位素核芯密度做高斯近似处理后计算得到的去中子截面。带误差棒的黑色圆点[29]和浅灰色三角点[26]是在入射能量为 230 MeV/u 条件下,Nakamura 分别在 2014 年和 2009 年测量的 ^{31}Ne 打碳靶反应的去中子截面;带误差棒的深灰色菱形点[28]是入射能量为 240 MeV/u 的条件下,测量的 ^{31}Ne 打碳靶反应的去中子截面。实际上,去中子截面是入射核-靶核的相互作用截面与核芯-靶核相互作用截面的差值,也就是 $\sigma_{-N} = \sigma_I(^A\text{Ne}) - \sigma_I(^{A-1}\text{Ne})$。 但因为高能时相互作用截面和反应截面近似相等,故在这里我们用 $\sigma_R(^A\text{Ne}) - \sigma_R(^{A-1}\text{Ne})$ 来表示 σ_{-N}。

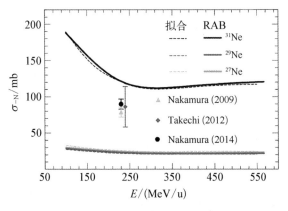

图 2 - 6　^{31,29,27}Ne 打 ^{12}C 靶反应的去中子
截面随入射能量 E 的变化[36]

从图 2-6 可以看到 ^{31}Ne 打 ^{12}C 靶反应的去中子截面明显高于 ^{27}Ne 和 ^{29}Ne 打 ^{12}C 靶反应的去中子截面,并且略高于实验的测量值;不过,Nakamura 在 2014 年更新的数据中心点和 Takechi 在 2012 年的数据中心连线,具有随着入射能量的增加而下降的趋势,这点同我们预言的趋势一致。实践表明,加入形变效应后,曲线同实验值符合得更好。高斯函数组拟合对于去中子截面的影响较小,仅有 1.6%。另外,我们还看到,在入射能量为低能的情况下,^{31}Ne 打 ^{12}C 靶反应的去中子截面较大:入射能量为 100 MeV/u 到 250 MeV/u 之间,去中子截面下降明显;在 250 MeV/u 到 300 MeV/u 之间,下降趋于平缓;高于 300 MeV/u 的去中子截面缓慢增加。总之,^{31}Ne 打 ^{12}C 靶反应的去中子截面整体都在 100 mb 以上,明显高于 ^{27,29}Ne 打 ^{12}C 靶反应的去中子截面,这也可以作为描述晕核 ^{31}Ne 的反应特征之一。

我们还计算了入射能量为 230 MeV/u 的条件下,^{31}Ne 价中子在各轨道纵向动量分布,如图 2-7 所示。图 2-7(a)给出了未考虑占据概率的结果,图 2-7(b)给出了考虑占有概率的结果。实线灰色、实线黑色和虚线分别代表 $2p_{1/2}$、$2p_{3/2}$ 和 $1f_{7/2}$ 轨道。在前面 RAB 模型中提到过 ^{31}Ne 的价中子处于组态混合的状态,所以在计算 ^{31}Ne 打碳靶反应中子相对 ^{30}Ne 的纵向动量分布时,分别计算了价中子在 p 和 f 轨道的纵向动量分布,得到图 2-7(a);然后,根据 RAB 模型计算结果[24],考虑对关联得到各个轨道的占有概率,得到图 2-7(b)。

从图 2-7(a)中可以看到,在未考虑占有概率时,$2p_{1/2}$ 轨道的动量分布是最窄的,$2p_{3/2}$ 次之,f 轨道的动量分布较宽;用 BCS 近似考虑对关联之后得到图 2-7(b),各个轨道占有概率不同,$2p_{3/2}$ 起主要贡

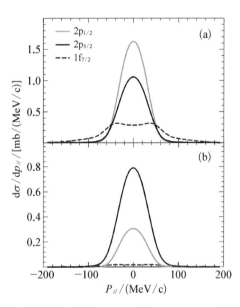

图 2-7　^{31}Ne 价中子的各单粒子轨道对打碳靶反应的中子相对 ^{30}Ne 的纵向动量分布贡献

注:MeV/c 为高能相对论情况下常用的动量单位。

献,这与实验上测得^{31}Ne 的自旋宇称为$\left(\frac{3}{2}\right)^{-}$的结论一致[29];2p$_{1/2}$轨道的贡献次之,1f$_{7/2}$轨道贡献最小。

所以,综合图 2-7(a)和(b),可以知道 2p$_{3/2}$轨道占有概率大,空间分布弥散度大,对应的动量分布较窄;1f$_{7/2}$轨道占有概率小,空间分布弥散度小,对应的动量分布较宽,对纵向动量分布贡献不大。将所有贡献相加得到图 2-8 中的黑线描述的反应后中子相对^{30}Ne 的纵向动量分布。

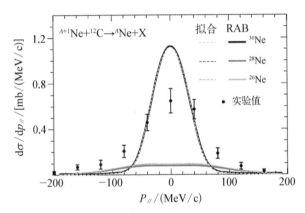

图 2-8 ^{31,29,27}Ne 与碳靶反应的纵向动量分布[36]

图 2-8 中的浅灰色线、深灰色线和黑色线分别为入射能量为 230 MeV/u 的条件下,^{27}Ne、^{29}Ne 和^{31}Ne 打碳靶反应后中子相对核芯(^{26,28,30}Ne)的纵向动量分布;虚线是氖同位素核芯经过高斯拟合后的计算结果。带误差棒的黑色点为^{30}Ne 纵向动量分布的实验测量值,取自文献[29]。对于^{27}Ne、^{29}Ne 打碳靶的反应,因为其价中子都主要占据在 1d$_{3/2}$轨道,所以只要计算价中子在 1d$_{3/2}$轨道上相对核芯的纵向动量分布,即可得到^{26}Ne 和^{28}Ne 的纵向动量分布。

通过观察图 2-8,可以发现^{31}Ne 打碳靶反应后中子相对核芯(^{30}Ne)纵向动量分布明显窄于中子相对^{26}Ne 和^{28}Ne 的纵向动量分布,而且拟合对其影响较小。通过之前章节对纵向动量分布的推导,可知这部分与去中子截面相关,这与图 2-6 描述的结果一致。与中子相对^{26}Ne、^{28}Ne 的纵向动量分布相比,中子相对于^{30}Ne 的纵向动量分布要窄,由海森伯不确定性原理可知,^{31}Ne 的空间分布较宽;而中子对于^{27}Ne、^{29}Ne 打碳靶反应后的纵向动量分布宽,说明空间分布比较窄,结构紧凑,故难以形成晕现象。这也说明可以通过纵向动量分布来判断^{31}Ne是否为晕核。

综上所示,晕核作为一种低密度、弱束缚的系统,与邻近核相比具有密度分布弥散,分离能小,价核子占据低角动量轨道的概率大,从而导致呈现出半径异常增大的奇特结构。毕竟半径不可直接测量,实验上一般通过测量反应截面推测半径信息。一般地,实验上可以观测到晕核的相互作用截面比邻近核的大得多;同时晕核的去核子截面也远大于相邻核素的去核子截面;打碳靶后的纵向动量分布也明显窄于同位素核与靶核反应后的纵向动量分布,符合海森伯不确定性原理,即窄的纵向动量分布对应弥散的空间分布。此前,发现的中子晕现象主要是在中子滴线附近质量比较小的轻核,而^{31}Ne作为首个p波机制形成的晕核,将有助于人们理解质量数更大的,比如:中等质量滴线核中出现晕现象的可能性及揭示其背后的物理本质。

本章首先简要回顾晕核的研究背景及其重要性。然后,基于量子力学中的散射理论,从Lippmann-Schwinger方程出发,介绍Eikonal近似求解散射振幅的主要公式,进一步得到Glauber模型;结合微观核结构理论给出的结构信息,描述丰中子氖同位素打碳靶反应的实验可观测量。通过研究首个p波晕核^{31}Ne的结构和反应形成机制,完成从核结构理论到Glauber模型统一描述晕核的工作,并见证其有效性。

对于RAB模型给出的核芯密度,我们采用多组高斯函数拟合和直接读入两种方式。高斯拟合可以得到散射反应截面的解析表达式,简化计算流程、加快计算速度,但是在奇异核应用中不能很好地还原弥散的密度分布信息。我们进一步改进算法,实现直接读入RAB模型给出的核芯密度信息和价中子波函数,用Glauber模型计算丰中子氖同位素打碳靶的反应截面、去中子截面和反应后纵向动量分布。实践表明,后者的理论预言结果同实验测量值符合得较好,高斯函数拟合方式得到的计算结果同真实值偏离较大,在50 mb左右;^{31}Ne打碳靶的反应截面与邻近同位素打碳靶的反应截面相比,明显增大;^{31}Ne打碳靶反应的去中子截面明显高于^{27,29}Ne,与实验结果一致。反应截面增大主要源于价中子占据低角动量共振态$2p_{3/2}$的概率较大,弱束缚基态结构是阈值附近价中子占据正能量的共振态、负能量的弱束缚态以及对关联作用的共同结果。此外,考察反应后的纵向动量分布,发现反应后的中子和剩余核^{30}Ne的动量分布明显窄于中子和^{26,28}Ne的动量分布,对应弥散的空间分布,也表明存在晕核结构。

　　总之，量子力学散射理论中的程函近似可用于处理中、高能的核反应；基于程函近似的 Glauber 模型是检验晕核结构和反应可观测量的重要且有效的探针。进一步，考虑原子核的形变，结合 Glauber 模型计算得到的反应截面、去中子截面，都出现在一个标准差范围内，很好地重现了实验结果，纵向动量分布也很符合实验测量值。最新结果已发表在《中国科学》杂志上[38]。

第 3 章
电磁辐射跃迁理论及其应用：核子俘获反应截面

　　宇宙中绝大部分物质不在星系里，而在星系之间。这些弥散在星系之间广袤空间里的物质称为星系际介质，在宇宙辽阔的大尺度上呈纤维网状分布。宇宙大爆炸后不久，宇宙中只存在大量的氢、氦和少量的锂，而没有更重的元素，例如：碳、氮、氧元素。那么，早期宇宙中的重元素究竟从何而来，又是如何到达星际介质中的？这一问题直到今天依然是观测宇宙学的一个关键性问题。重元素的起源也是 21 世纪的 11 个物理谜题之一[39]。

　　太阳系比铁重的元素来源于天体环境下的中子俘获过程。根据反应的时标，可分为慢中子俘获过程（slow neutron capture process，简称 s 过程）和快中子俘获过程（rapid neutron capture process，简称 r 过程）。三个质量区（$A=70\sim90$，$120\sim140$，$190\sim210$）的元素丰度相对较高，每个质量区的双峰分别对应 s 过程和 r 过程。有趣的是，这些特征峰在原子核幻数 $N=50$、82 与 126 附近，其中的联系耐人寻味。由于 s 过程的中子俘获比 β 衰变慢，因此沿着稳定谷发生；r 过程先进行快速俘获中子形成丰中子的放射性核素，最后朝着稳定谷方向发生 β 衰变，所以中子俘获、β 衰变都非常重要。s 过程发生的核天体物理场所如下：① 从小到中等质量的恒星，即渐近巨星支（asymptotic giant branch，AGB），主要合成质量数大于 100 的核素；② 演化成超新星，最后爆炸的大质量恒星，主要合成质量数小于 100 的核素。s 过程核合成更关心同位素分支点处的核素。

r 过程重元素的起源主要有两个可能的场所：核心塌缩超新星爆炸（core collapse type II supernova）和中子星并合（neutron stars merger，NSM）。目前，核心塌缩型超新星爆炸的热中微子风和磁流体射流机制认为剩余残骸是中子星，而黑洞超新星爆炸遗骸是黑洞。尽管这些在天文上都有观测，但是抛射物是 r 过程合成元素的直接证据还没有报道，只有一些间接证据。银河系晕中有很多贫金属星和矮的球体状星系呈现出普通的 r 过程丰度模式。磁流体射流超新星爆炸的理论模型可以解释这种元素丰度分布的普遍性。贫金属星是银河系最古老恒星中的早期一代，这种普遍的丰度模式暗示着 r 过程发生在与太阳系形成早期星系时非常类似的条件下。由于大质量恒星需要演化几百万年才能发生超新星爆炸，所以超新星爆炸可能成为 r 过程场所，贯穿星系演化的全过程。相反，中子星并合不能贡献早期的星系，因为宇宙长期并合的时标至少要 10 亿～40 亿年，源于引力波辐射是非常慢的能量损失过程。虽然没有特定的 r 过程元素的发射线，但是观测到的光学和近红外发射强烈表明 GW170817 事件中有 r 过程发生。因此，双中子星并合也可能是太阳系 r 过程的场所之一。

2017 年 8 月 17 日，美国激光干涉引力波天文台（LIGO）和欧洲室女座引力波天文台（Virgo）首次直接探测到了由双中子星并合产生的引力波——"时空涟漪"及其伴随的电磁信号。本次引力波事件 GW170817 是人类首次直接探测到由两颗中子星并合产生的新型引力波事件，与以往发现的双黑洞并合不同。2017 年 10 月 16 日，我国天文学家与 LIGO、Virgo 科学合作组及全球各主要天文台同步发布重大天文发现。南京紫金山天文台对外发布，中国南极巡天望远镜追踪探测到首例引力波事件光学信号。这是历史上第一次使用引力波天文台和其他望远镜观测到同一天体物理事件，预示着天文学研究进入"多信使"阶段，这个重要观测首次提供了确凿证据，证实中子星并合是宇宙金、铂等超铁元素的起源之一。

中子星并合是宇宙中产生重核的场所，但并不是唯一场所。人们迫切想知道中子星并合后核裂变机制的贡献，以及超新星爆炸合成重核的机制和贡献。这类充满未知的发现使得 r 过程重元素起源的研究成为当今科学界的热点问题之一，国际间竞争异常激烈。

理论上不同的天体环境会产生不同的元素丰度分布，尤其质量数在 130

(第二个峰)和质量数在 195(第三个峰)附近的元素,需理清双中子星并合、核心坍缩超新星等潜在 r 过程发生场所的贡献量。实际上,关于元素起源,已发表的一些文章中存在一个严重的问题,重元素从 $Z=44$ 到最重的元素都是由中子星并合产生的,没有超新星的贡献。这可能源于《自然》杂志上关于 $Z=52$ 号元素碲和 $Z=55$ 号元素铯在 r 过程元素鉴别中的错误[40]。人们希望研究 r 过程潜在的发生场所,通过比较丰度分布的天文观测和理论预言,梳理它们各自的贡献,理解宇宙中 r 过程元素的起源。

恒星演化 r 过程核合成分析中需要大量的核结构和核反应数据,例如:原子核的质量、原子核发生 β 衰变的概率、核子俘获反应截面等。核反应路径上涉及成百上千个核素,而且大部分处于不稳定的滴线核附近,实验上很难探测到这些核素的关键信息,比如:低能共振态的能级和宽度,低激发态衰变模式及寿命等。由此导致推测的反应率作为核反应网络方程的重要输入参量具有非常大的不确定性,从而引起预言的重元素丰度具有数量级的差异。因此,发展可靠的核结构理论,预言大部分奇特核的性质,评估关键核反应率,将有助于合理分析可能的核合成路径,有效约束演化过程形成元素丰度的不确定度。

为简化问题,我们主要采用势模型方法。将反应体系视作核与核子组成的复合体系,在共同的相互作用势场下描述体系的束缚态、共振态和散射态,用于计算散射态到束缚态间的电磁跃迁过程(比如 E1、M1 等),求解低能共振态等。本章基于量子力学电磁辐射跃迁理论,给出势模型下计算核子俘获反应截面的理论框架,并应用于天体物理中大质量恒星演化核合成过程的反应实例中。

3.1 电磁辐射跃迁理论

20 世纪 20 年代中后期,狄拉克、泡利和海森伯等人尝试将质点组的量子化方法应用到无限自由度的电磁场中。1927 年,狄拉克提出了较完整的电磁场的量子化理论,成功揭示了自发辐射、兰姆位移等实验现象。经过长期的发展,狄拉克等人的理论最终形成了如今的量子电动力学。这些系统理论可以查询专门的文献资料。

辐射俘获过程实质上可以看成核与电磁场的相互作用过程。由于 γ 光子的存在,电磁场体现了量子化特征。本节将从电磁场的量子化理论出发,推导电磁跃迁速率公式[6];进一步,利用 Wigner-Eckart 定理得到光子吸收截面;最后,由细致平衡原理得到核子俘获截面,继而可为核合成网络方程提供反应率。

3.1.1　电磁场的量子化

经典场一般由矢势 A 与标势 φ 描写。空间中不存在源(即电流密度 $J = 0$,电荷密度 $\rho = 0$)的场称为自由场。对于自由电磁场,我们关心横场,忽略纵场。要求满足库仑规范,

$$\varphi = 0, \quad \boldsymbol{\nabla} \cdot \boldsymbol{A} = 0 \tag{3-1}$$

电磁场 E、B 完全由矢势 A 决定:

$$\boldsymbol{E} = -\frac{1}{c} \frac{\partial \boldsymbol{A}}{\partial t}, \quad \boldsymbol{B} = \boldsymbol{\nabla} \times \boldsymbol{A}$$

矢势 A 满足波动方程:

$$\nabla^2 \boldsymbol{A} - \frac{1}{c^2} \frac{\partial^2}{\partial t^2} \boldsymbol{A} = 0 \tag{3-2}$$

分离时间项后,式(3-2)可化为如下方程:

$$(\nabla^2 + k^2) \boldsymbol{A} = 0, \quad \boldsymbol{\nabla} \cdot \boldsymbol{A} = 0 \tag{3-3}$$

存在两组线性无关球面横波解:

$$\boldsymbol{A}_{lm}^{\mathcal{M}} = \mathrm{i} \sqrt{\frac{8\pi}{l(l+1) R_0}} \frac{\omega_\lambda}{\hbar} \hat{\boldsymbol{l}} \mathrm{j}_l(k_\lambda r) \, \mathrm{Y}_{lm}(\theta, \phi) \tag{3-4a}$$

$$\boldsymbol{A}_{lm}^{\mathscr{E}} = \frac{1}{\mathrm{i} k_\lambda} \boldsymbol{\nabla} \times \boldsymbol{A}_{lm}^{\mathcal{M}} \tag{3-4b}$$

式中,$\boldsymbol{A}_{lm}^{\mathcal{M}}(\boldsymbol{A}_{lm}^{\mathscr{E}})$ 称为磁(电)多极辐射场,l 为轨道角动量,k_λ 为波矢,将辐射场局限于半径为 R_0 的大球内,$\mathrm{j}_l(k_\lambda r)$ 为球贝塞尔函数,$\mathrm{Y}_{lm}(\theta, \phi)$ 为球谐函数。

在经典电动力学范畴内,将矢势 $\boldsymbol{A}(\boldsymbol{r}, t)$ 分解成一系列自由度,不唯一。对于原子核的 γ 辐射,波长变化的幅度大,各种多级辐射都有可能出现。考虑到原子核在辐射过程中满足角动量守恒,因此采用角动量的本征态——球面单色波展开辐射场。一般形式的自由电磁场可以展开成如下形式:

$$\boldsymbol{A}(\boldsymbol{r}, t) = \sum_{\lambda} \sqrt{\frac{\hbar}{2\omega_{\lambda}}} \left[\hat{a}_{\lambda} \boldsymbol{A}_{\lambda}(\boldsymbol{r}) \, \mathrm{e}^{\mathrm{i}\omega_{\lambda}t} + \hat{a}_{\lambda}^{\dagger} \boldsymbol{A}_{\lambda}^{*}(\boldsymbol{r}) \, \mathrm{e}^{-\mathrm{i}\omega_{\lambda}t} \right] \qquad (3-5)$$

式中,λ 指量子数 $[\mathcal{M}(\mathcal{E}), l, m]$,用来标识光子态,$\hat{a}_{\lambda}$ 和 $\hat{a}_{\lambda}^{\dagger}$ 为算符。

电磁场量子化有两种方法。一种是把电磁场与经典的多粒子系统相比,用一次量子化方法;另一种是将电磁场与量子力学中的单粒子态函数相比,用二次量子化方法。两种方法得到的结论是一致的。此处采用一次量子化方法,也就是把经典系统的正则坐标和正则动量看成海森伯绘景中的算符;赋予对易关系,认为哈密顿正则方程对于算符仍然有效;给这些算符找作用对象,用来描写系统的量子状态。

具体地,量子化步骤如下。描述经典场的一组完备的正则坐标和正则动量,将其视为算符,满足对易式:

$$[\hat{Q}_{\lambda}, \hat{Q}_{\lambda'}] = 0, \quad [\hat{P}_{\lambda}, \hat{P}_{\lambda'}] = 0, \quad [\hat{Q}_{\lambda}, \hat{P}_{\lambda'}] = \mathrm{i}\hbar\delta_{\lambda\lambda'} \qquad (3-6)$$

式中,$\hat{Q}_{\lambda}$ 为正则坐标,$\hat{P}_{\lambda}$ 为正则动量。引入无量纲算符 $\hat{a}_{\lambda}$ 和 $\hat{a}_{\lambda}^{\dagger}$ 表示正则坐标和正则动量:

$$\hat{Q}_{\lambda} = \sqrt{\frac{\hbar}{2\omega_{\lambda}}} (\hat{a}_{\lambda} + \hat{a}_{\lambda}^{\dagger}) \qquad (3-7a)$$

$$\hat{P}_{\lambda} = -\mathrm{i}\sqrt{\frac{\hbar\omega_{\lambda}}{2}} (\hat{a}_{\lambda} - \hat{a}_{\lambda}^{\dagger}) \qquad (3-7b)$$

反过来,用正则坐标 $\hat{Q}_{\lambda}$ 和正则动量 $\hat{P}_{\lambda}$ 表示 $\hat{a}_{\lambda}$ 和 $\hat{a}_{\lambda}^{\dagger}$:

$$\hat{a}_{\lambda} = \sqrt{\frac{\omega_{\lambda}}{2\hbar}} \left(\hat{Q}_{\lambda} + \frac{\mathrm{i}\hat{P}_{\lambda}}{\omega_{\lambda}} \right) = \sqrt{\frac{2\omega_{\lambda}}{\hbar}} \, \hat{q}_{\lambda} \qquad (3-8a)$$

$$\hat{a}_{\lambda}^{\dagger} = \sqrt{\frac{\omega_{\lambda}}{2\hbar}} \left(\hat{Q}_{\lambda} - \frac{\mathrm{i}\hat{P}_{\lambda}}{\omega_{\lambda}} \right) = \sqrt{\frac{2\omega_{\lambda}}{\hbar}} \, \hat{q}_{\lambda}^{\dagger} \qquad (3-8b)$$

可以证明 $\hat{a}_\lambda$ 与 $\hat{a}_\lambda^\dagger$ 满足对易关系：

$$[\hat{a}_\lambda,\ \hat{a}_{\lambda'}^\dagger]=\delta_{\lambda\lambda'},\ [\hat{a}_\lambda,\ \hat{a}_{\lambda'}]=[\hat{a}_\lambda^\dagger,\ \hat{a}_{\lambda'}^\dagger]=0 \qquad (3-9)$$

$\hat{a}_\lambda$ 和 $\hat{a}_\lambda^\dagger$ 分别为玻色子的湮灭算符和产生算符，可以用来表示电磁场的一系列物理量。例如，辐射场的总能量可以表示为

$$\hat{H}=\frac{1}{8\pi}\int(\boldsymbol{E}^2+\boldsymbol{B}^2)\mathrm{d}\tau=\sum_\lambda(\hat{q}_\lambda\hat{q}_\lambda^\dagger+\hat{q}_\lambda^\dagger\hat{q}_\lambda) \qquad (3-10)$$

利用式(3-8)，哈密顿量可写成

$$\hat{H}=\sum_\lambda\left(\hat{a}_\lambda^\dagger\hat{a}_\lambda+\frac{1}{2}\right)\hbar\omega_\lambda \qquad (3-11)$$

可见，通过一次量子化，经典辐射场可视为一组具有无限自由度的线性谐振子。

3.1.2　电磁跃迁速率

考虑实物粒子体系(比如：原子、原子核等)的自发多极辐射，可以将该体系和辐射场都看作量子体系。体系哈密顿量为

$$\hat{H}=\hat{H}_r+\sum_i\left\{\frac{1}{2m_i}\left[\hat{\boldsymbol{P}}_i-\frac{e_i}{c}\hat{\boldsymbol{A}}(i)\right]^2-\hat{\boldsymbol{\mu}}_i\cdot\hat{\boldsymbol{B}}(i)\right\}+\hat{V} \qquad (3-12)$$

式中，e_i 与 m_i 表示各粒子电荷与质量，$\hat{\boldsymbol{\mu}}_i$ 表示内禀磁矩算符，$-\hat{\boldsymbol{\mu}}_i\cdot\hat{\boldsymbol{B}}(i)$ 表示第 i 个粒子的内禀磁矩与磁场的相互作用，$\hat{V}$ 表示实物粒子间相互作用。$\hat{H}$ 可以改写为

$$\hat{H}=\hat{H}_r+\hat{H}_0+\hat{H}' \qquad (3-13)$$

其中

$$\hat{H}_r=\sum_\lambda\left(\hat{a}_\lambda^\dagger\hat{a}_\lambda+\frac{1}{2}\right)\hbar\omega_\lambda$$

$$\hat{H}_0=\sum_i\frac{\hat{\boldsymbol{P}}_i^2}{2m_i}+\hat{V}$$

$$\hat{H}'=-\sum_i\frac{e_i}{m_ic}\hat{\boldsymbol{A}}(i)\cdot\hat{\boldsymbol{P}}_i-\sum_i\hat{\boldsymbol{\mu}}_i\cdot\hat{\boldsymbol{B}}(i)$$

式(3-13)中，$\hat{H}_r$ 表示辐射场总能量，$\hat{H}_0$ 表示没有辐射场影响时实物粒子体系的哈密顿量，$\hat{H}'$ 表示实物体系与辐射场的相互作用，通常可以将它看作微扰项。

对于原子核与电磁场的相互作用过程，将原子核的初态记为 $|a\rangle$，具有确定的能量 E_a、角动量 $J_a(M_a)$ 和宇称 π_a。由于初态中不存在光子，因此体系的初态为 $|i\rangle = |a\rangle |0_\lambda\rangle$。设原子核的末态记为 $|b\rangle$，原子核自发辐射产生一个光子，处于 λ 态，光子能量 $\hbar\omega_\lambda = E_a - E_b$，体系的末态为 $|f\rangle = |b\rangle |1_\lambda\rangle$。下面，计算自发辐射的跃迁概率。

利用费米黄金规则，即体系自初态跃迁到终态的概率的一阶近似为

$$\omega_{i \to f} = \frac{2\pi}{\hbar} |\langle f | \hat{H}' | i \rangle|^2 \rho_f \tag{3-14}$$

式中，ρ_f 是体系末态的态密度。根据 $\hat{a}_\lambda^\dagger$ 和 $\hat{a}_\lambda$ 的性质，跃迁概率可以简化为如下形式：

$$\omega_{i \to f} = \frac{R_0}{\omega \hbar c} |\langle b | \hat{H}' | a \rangle|^2 \tag{3-15}$$

其中

$$\hat{H}' = -\sum_i \frac{e_i}{m_i c} \hat{\boldsymbol{A}}_\lambda(r_i) \cdot \hat{\boldsymbol{P}}_i - \sum_i \hat{\boldsymbol{\mu}}_i \cdot [\boldsymbol{V}_i \times \hat{\boldsymbol{A}}_\lambda(r_i)] \tag{3-16}$$

上述矩阵元的计算局限在原子核的半径 r 小于 r_0 的范围中。当 γ 衰变放出的光子能量较小时，$kr \ll 1$，利用多极辐射场中球贝塞尔函数的渐近行为，将会有如下解析形式：

$$\langle b | \hat{H}' | a \rangle = \frac{\omega}{\hbar} \sqrt{\frac{8\pi}{L(L+1) R_0}} \frac{(L+1) k^L}{(2L+1)!!} \langle b | \hat{\mathcal{O}}_{LM}^\sigma | a \rangle \tag{3-17}$$

$$\hat{\mathcal{O}}_{LM}^\sigma = \sum_i \hat{\mathcal{O}}_{LM}^\sigma(i) \tag{3-18}$$

式中，$\hat{\mathcal{O}}_{LM}^\sigma$ 指各极跃迁算符 $(\sigma = \mathcal{E}, \mathcal{M})$。对于电、磁多极 (i) 跃迁算符，其形式如下：

$$\hat{\mathcal{O}}_{LM}^{\mathcal{E}}(i) = e_i \hat{r}_i^L Y_{LM}(\theta_i, \varphi_i) \tag{3-19a}$$

$$\hat{\mathcal{O}}_{LM}^{\mathcal{M}}(i) = \frac{e_i \hbar}{2 m_i c} \left(g_s \hat{s} + \frac{2}{L+1} g_l \hat{l} \right)_i \cdot (\boldsymbol{\nabla} \hat{r}^L Y_{LM}^*)_i \qquad (3-19b)$$

实验上只考虑原子核从初态能级到末态能级的跃迁概率,故对末态磁量子数 M_b 求和,对初态磁量子数 M_a 取平均。于是,从能级 a 到能级 b 的单位时间内的跃迁速率 $T_{fi}(\sigma L)$ 为

$$T_{fi}(\sigma L) = \frac{8\pi(L+1)}{L\left[(2L+1)!!\right]^2} \frac{1}{\hbar} \left(\frac{\omega}{c}\right)^{2L+1} B(\sigma L) \qquad (3-20)$$

其中

$$B(\sigma L) = \frac{1}{2I_a + 1} \sum_{M_a M_b} |\langle b | \hat{\mathcal{O}}_{LM}^{\sigma} | a \rangle|^2$$

为约化跃迁速率,与原子核的初、末态波函数密切相关,体现原子核的结构信息,计算复杂。进一步,可得光子吸收 λ 极截面 $\sigma_\gamma^{\pi\lambda}$:

$$\sigma_\gamma^{\pi\lambda} = \frac{(2\pi)^3(\lambda+1)}{\lambda\left[(2\lambda+1)!!\right]^2} \left(\frac{E_\gamma}{\hbar c}\right)^{2\lambda-1} \frac{dB}{dE} \qquad (3-21)$$

详细推导过程可参考《量子力学》课程中的辐射场量子化部分[6]。

3.2 俘获截面

下面,我们将利用 Wigner-Eckart 定理化简光子吸收截面公式,再由微观过程的细致平衡理论计算其逆反应电磁跃迁截面——直接俘获截面。对于双满壳核及其附近的核素和滴线附近的核素,通常直接俘获截面占优。此外,鉴于低能共振态在天体物理中的重要作用,尤其是对于质子俘获反应,本节还介绍了共振截面的理论公式。一般地,总截面包含直接俘获截面、共振截面、统计截面及其干涉项。对于满壳之间的中间壳核素的核子俘获反应,其截面的贡献会根据核结构的不同而产生差异。读者需要根据实际情况,采用合适的理论工具开展研究工作。

3.2.1　Wigner-Eckart 定理

由于电多极跃迁与磁多极跃迁算符均为不可约张量算符,下面将给出计算不可约算符矩阵元的重要定理——Wigner-Eckart 定理。

设 $\hat{T}_{kq}$ 为一量子体系的 k 阶不可约张量(球张量)算符的 q 分量。则根据不可约张量算符的拉卡定义,满足对易关系

$$[\hat{\boldsymbol{J}}_{\pm}, \hat{T}_{kq}] = \sqrt{(k \pm q + 1)(k \mp q)}\,\hat{T}_{kq\pm1} \qquad (3-22)$$

式中,$\hat{\boldsymbol{J}}_{\pm}$ 为体系角动量升降算符。利用 $\hat{\boldsymbol{J}}_{\pm}$ 作用在 $|jm\rangle$ 上的表达式,对易式(3-22)在角动量本征态下的矩阵元具有如下形式:

$$\langle jm \mid [\hat{\boldsymbol{J}}_{\pm}, \hat{T}_{kq}] \mid j'm'\rangle = \sqrt{(k \pm q + 1)(k \mp q)}\,\langle jm \mid \hat{T}_{kq\pm1} \mid j'm'\rangle$$

$$(3-23)$$

根据 Clebsch-Gordan(C-G)系数的迭代关系,不难发现 $\langle jm \mid T_{kq} \mid j'm'\rangle$ 正比于 $\langle j'm'kq \mid jm\rangle$,满足如下等式:

$$\langle jm \mid \hat{T}_{kq} \mid j'm'\rangle = \frac{\langle j'm'kq \mid jm\rangle\langle j \parallel \hat{T}_k \parallel j'\rangle}{\sqrt{2j'+1}} \qquad (3-24)$$

式中,$\langle j \parallel \hat{T}_k \parallel j'\rangle$ 称为 T_{kq} 的约化矩阵元,仅与 j、j' 有关,与磁量子数无关;C-G 系数 $\langle j'm'kq \mid jm\rangle$ 同磁量子数有关,称为几何因子。此即 Wigner-Eckart 定理,将与磁量子数有关的项和无关的项分开。

假设 $\hat{T}_k$ 为体系 1 的张量,体系 1 的本征矢 $|j_1 m_1\rangle$ 与体系 2 的本征矢 $|j_2 m_2\rangle$ 耦合成共同本征矢 $|j_1j_2jm\rangle$。现在,求 $\hat{T}_k$ 在共同本征矢下的矩阵元。由于两个角动量本征态以及不可约张量算符的存在,上述问题涉及三个角动量的耦合。先讨论三个角动量之间的耦合方式,引入 Wigner-6j 符号简化矩阵元的具体形式。

考虑三个互相对易的角动量 j_1、j_2、j_3 的耦合。由三个角动量可以构造出许多力学量完备集,耦合方式如下:

$$\begin{aligned} \boldsymbol{j}_1 + \boldsymbol{j}_2 &= \boldsymbol{J}_{12} & \boldsymbol{J}_{12} + \boldsymbol{j}_3 &= \boldsymbol{J} \\ \boldsymbol{j}_2 + \boldsymbol{j}_3 &= \boldsymbol{J}_{23} & \boldsymbol{J}_{23} + \boldsymbol{j}_1 &= \boldsymbol{J} \\ \boldsymbol{j}_1 + \boldsymbol{j}_3 &= \boldsymbol{J}_{13} & \boldsymbol{J}_{13} + \boldsymbol{j}_2 &= \boldsymbol{J} \end{aligned} \qquad (3-25)$$

由不同的耦合顺序所构造出的完备集的角动量本征矢之间通过幺正变换联系，例如：$\{j_1, j_2, J_{12}, j_3, J, J_z\}$ 与 $\{j_2, j_3, J_{23}, j_1, J_z\}$ 之间的角动量本征态满足耦合关系：

$$|j_1, (j_2, j_3), J_{23}, J, M\rangle$$
$$= \sum_{J_{12}} \langle (j_1, j_2), J_{12}, j_3, J, M | j_1, (j_2, j_3), J_{23}, J, M\rangle | (j_1, j_2), J_{12}, j_3, J, M\rangle$$

$$(3-26)$$

其中，$\langle (j_1, j_2), J_{12}, j_3, J, M | j_1, (j_2, j_3), J_{23}, J, M\rangle$ 是幺正变换系数，称为重耦合系数（recoupling coefficient）。考虑对称性，引入 Wigner - $6j$ 符号：

$$\begin{Bmatrix} j_1 & j_2 & J_{12} \\ j_3 & J & J_{23} \end{Bmatrix} = (-1)^{j_1+j_2+j_3+J} \frac{1}{\sqrt{(2J_{12}+1)(2J_{23}+1)}} \times$$
$$\langle (j_1, j_2), J_{12}, j_3, J, M | j_1, (j_2, j_3), J_{23}, J, M\rangle$$

$$(3-27)$$

利用 $3j$、$6j$ 符号的对称性，可以大大简化计算。于是，Wigner-Eckart 定理可写成

$$\langle j_1 j_2 jm | \hat{T}_{kq} | j_1' j_2' j' m'\rangle = (-1)^{j-m} \begin{pmatrix} j & k & j' \\ -m & q & m' \end{pmatrix} \langle j_1 j_2 j \| \hat{T}_k \| j_1' j_2' j'\rangle$$

$$(3-28)$$

式中，约化矩阵元为

$$\langle j_1 j_2 j \| \hat{T}_k \| j_1' j_2' j'\rangle = (-1)^{j_1+j_2'+j'+k} \sqrt{(2j+1)(2j'+1)} \begin{Bmatrix} j_1 & j_1' & k \\ j' & j & j_2 \end{Bmatrix} \times$$
$$\langle j_1 \| \hat{T}_k \| j_1'\rangle \delta_{j_2 j_2'}$$

$$(3-29)$$

式中，$\begin{Bmatrix} j_1 & j_1' & k \\ j' & j & j_2 \end{Bmatrix}$ 为 Wigner - $6j$ 符号，$\begin{pmatrix} j & k & j' \\ -m & q & m' \end{pmatrix}$ 为 Wigner - $3j$ 符号。四个角动量的耦合会用到 Wigner - $9j$ 符号。

　　实际上，在原子核物理、粒子物理的许多实际问题中，我们经常处理多粒子体系，涉及多个角动量耦合的问题。利用 Wigner-Eckart 定理，以及 Winger - $3j$、$6j$、$9j$ 符号，可简化计算过程。

3.2.2　细致平衡理论

当体系的动力学满足一定的条件时,通过研究一个反应的逆反应的截面,我们能够得到该反应的截面信息[41]。例如:研究 $c+\gamma \rightarrow a+b$ 反应,即光子吸收截面,可以得到其逆过程 $a+b \rightarrow c+\gamma$ 的截面,而后者是常受到关注的反应形式。这一思想基于细致平衡理论。

细致平衡理论涉及时间反演(time reversal)对称性。如果体系具有时间反演对称性(或时间反演不变性),那么描述体系的哈密顿量 $\hat{H}$ 在时间反演操作下不变,或者薛定谔方程在时间反演操作下形式不变。这里需要澄清"时间反演"不是时间倒流。理由如下:如果不考虑自旋,做变换 $t \rightarrow -t$(表示时间倒流),薛定谔方程

$$\mathrm{i}\hbar \frac{\partial}{\partial t}\Psi(\boldsymbol{r},\,t)=\hat{H}\Psi(\boldsymbol{r},\,t) \qquad (3-30a)$$

变成

$$-\mathrm{i}\hbar \frac{\partial}{\partial t}\Psi(\boldsymbol{r},\,-t)=\hat{H}\Psi(\boldsymbol{r},\,-t) \qquad (3-30b)$$

显然,变换后的波函数 $\Psi(\boldsymbol{r},\,-t)$ 不满足薛定谔方程。因此,时间反演操作不应该是 $t \rightarrow -t$ 的变换,"时间反演"并不意味着真正的时间倒流,只是"运动方向的倒转"(reversal of direction of motion)。两个逆向运动过程,粒子运动状态互为时间反演态,但时间都是正向流动,因果关系相同。在量子微观体系中这一对称性具有重要影响。

20 世纪 30 年代,根据波函数的统计诠释,Wigner 论证过"量子力学中的对称性变换,或为幺正变换,或为反幺正变换,对应着量子力学中的幺正或反幺正算符[42]。连续对称性变换对应幺正变换;离散的对称性变换,则可能出现反幺正变换"。Wigner 还提出量子体系的时间反演不变性并不导致相应的某种守恒量(因为时间反演算符是一个反线性算符)。尽管如此,时间反演不变性可以导致一个反应过程与其逆过程的概率之间存在一定的关系(比如:反应过程中的细致平衡定理)。此外,还可能导致某些选择定则。在某些情况下,可以导致能级简并(比如:Kramers 简并)。

如果量子体系中存在时间反演不变性,体系的哈密顿量 $\hat{H}$ 在时间反演算符 $\hat{T}$ 作用下不变,即:

$$\hat{T}\hat{H}=\hat{H}\hat{T} \qquad (3-31)$$

等价于时间反演算符作用下，薛定谔方程的形式不变。

　　根据量子散射中 $\hat{S}$ 算符的定义以及绕结关系[42]可以得到：

$$\hat{S} = \hat{T}^{\dagger} \hat{S}^{\dagger} \hat{T} \tag{3-32}$$

这是细致平衡定理的基础。此外，时间反演算符作用于态矢后，等同于它的逆向运动。以经典的粒子为例：一个坐标为 r，速度为 v 的粒子，经过时间反演后其坐标仍为 r，但速度变为 $-v$。将上述经典的变换对应到量子体系中，时间反演算符 $\hat{T}$ 具有如下性质（可相差任意相位）：

$$\hat{T} |\boldsymbol{x}\rangle = |\boldsymbol{x}\rangle$$

$$\hat{T} |\boldsymbol{p}\rangle = |-\boldsymbol{p}\rangle$$

　　自旋是由粒子内禀角动量引起的内禀性质，没有经典对应。自旋角动量 $\hat{s}$ 的本征态在时间反演下的变换规则同轨道角动量 $\hat{l}$ 的一样，由相应的角动量磁量子数决定，

$$\hat{T} |l, m_l\rangle = (-1)^{m_l} |l, -m_l\rangle$$

$$\hat{T} |s, m_s\rangle = (-1)^{m_s} |s, -m_s\rangle$$

其中，$|l, m_l\rangle$ 和 $|s, m_s\rangle$ 分别为 $\{\hat{l}, \hat{l}_z\}$ 与 $\{\hat{s}, \hat{s}_z\}$ 的共同本征态。

　　现在考虑 a+b→c+d 反应的截面，其初始道记作 α'，末道记作 α。根据散射理论，a、b 粒子体系通过相互作用从初始态 $|p', \alpha'\rangle$ 转化到末态 $|p, \alpha\rangle$ 的概率由 S 矩阵给出。其中，p 指 α 道两粒子的相对运动动量，p' 指 α' 道两粒子的相对运动动量。若体系满足时间反演不变性，且不考虑自旋，有

$$\langle \boldsymbol{p}', \alpha' | \hat{S} | \boldsymbol{p}, \alpha\rangle = \langle \boldsymbol{p}', \alpha' | \hat{T}^{\dagger} \hat{S}^{\dagger} \hat{T} | \boldsymbol{p}, \alpha\rangle$$
$$= \langle -\boldsymbol{p}, \alpha | \hat{S} | -\boldsymbol{p}', \alpha'\rangle \tag{3-33}$$

如果式（3-33）成立，则 α' 道通过相互作用从初始态 $|p', \alpha'\rangle$ 转化到末态 $|p, \alpha\rangle$ 的概率与 α 道通过相互作用从初始态 $|-p, \alpha\rangle$ 转化到末态 $|-p', \alpha'\rangle$ 的概率相同。

　　若上述道的粒子具有自旋，则该结果可以适当地推广。记 α 道粒子自旋为 m_1、m_2，α' 道粒子自旋为 m_3、m_4。则两个互逆反应的振幅具有如下关系：

$$f(\boldsymbol{p}', m_3, m_4 \leftarrow \boldsymbol{p}, m_1, m_2) = f(-\boldsymbol{p}, -m_1, -m_2 \rightarrow -\boldsymbol{p}', -m_3, -m_4)$$

　　根据振幅 f 与反应微分截面的关系，对所有的磁量子数 m_1、m_2、m_3、m_4

求和,可得到如下关系:

$$(2s_1+1)(2s_2+1)\frac{p}{p'}N_\leftarrow(E,\theta)=(2s_3+1)(2s_4+1)\frac{p'}{p}N_\rightarrow(E,\theta)$$

$$(3-34)$$

其中,s_i 为第 i 个粒子的自旋量子数,$N(E,\theta)$ 表示进入任意立体角元内的粒子数。细致平衡定理是时间反演对称性的重要体现,广泛运用于物理、化学等的反应分析中。

3.2.3 直接俘获截面

首先,计算电多极跃迁算符 $\hat{O}_{E\lambda\mu}=e_\lambda\,r^\lambda\,Y_{\lambda\mu}$ 在初态 $|J_0 M_0\rangle$ 到末态 $|JM\rangle$ 之间的电多极跃迁矩阵元。利用 Wigner-Eckart 定理有

$$\langle JM\,|\,\hat{O}_{E\lambda\mu}\,|\,J_0 M_0\rangle=(-1)^{J-M}\begin{pmatrix} J & \lambda & J_0 \\ -M & \mu & M_0 \end{pmatrix}\langle j\,I_a J\,\|\hat{O}_{E\lambda}\|j_0\,I_a J_0\rangle$$

其中,约化矩阵元为

$$\langle j\,I_a J\,\|\hat{O}_{E\lambda}\|j_0\,I_a J_0\rangle=(-1)^{j+I_a+J_0+\lambda}\sqrt{(2J+1)(2J_0+1)}\begin{Bmatrix} j & j_0 & \lambda \\ J_0 & J & I_a \end{Bmatrix}\times$$

$$\langle j\,\|\hat{O}_{E\lambda}\|j_0\rangle$$

且

$$\langle j\,\|\hat{O}_{E\lambda}\|j_0\rangle=(-1)^{j-\frac{1}{2}+\lambda}\sqrt{\frac{(2j+1)(2j_0+1)}{4\pi}}\langle j_0\,\tfrac{1}{2}j-\tfrac{1}{2}\,|\,\lambda 0\rangle\int_0^{+\infty}r^\lambda\,u_{lj}^J\,u_{l_0 j_0}^{J_0}\,dr$$

$$=(-1)^{j+j_0+\lambda-1}\sqrt{\frac{(2\lambda+1)(2j_0+1)}{4\pi}}\langle j_0\,\tfrac{1}{2}\lambda 0\,|\,j\,\tfrac{1}{2}\rangle\times\int_0^{+\infty}r^\lambda\,u_{lj}^J\,u_{l_0 j_0}^{J_0}\,dr \quad (3-35)$$

对于每一分波,利用式(3-35)可以推得多极辐射强度 $\dfrac{dB}{dk}(\lambda,l_0,j_0\rightarrow k,l,j)$ 如下:

$$\frac{dB}{dk}=\sum_{JMM_0\mu}\frac{1}{2J_0+1}\,|\,\langle JM\,|\,\hat{O}_{E\lambda\mu}\,|\,J_0 M_0\rangle\,|^2$$

$$= \sum_{JMM_0\mu} \frac{1}{2J_0+1} \, |\langle j \, I_a J \| \hat{\mathcal{O}}_{E\lambda} \| j_0 \, I_a J_0 \rangle|^2 \begin{pmatrix} J & \lambda & J_0 \\ -M & \mu & M_0 \end{pmatrix}^2 \qquad (3-36)$$

若上述约化矩阵元与 J 无关，则根据 C-G 系数与 $6j$ 符号之间的关系：

$$\langle J_0 \, M_0 \lambda\mu \mid JM \rangle = (-1)^{J_0-\lambda+M} \sqrt{2J+1} \begin{pmatrix} J & \lambda & J_0 \\ -M & \mu & M_0 \end{pmatrix} \qquad (3-37)$$

和 C-G 系数的性质：

$$\sum_{MM_0\mu} \langle J_0 \, M_0 \lambda\mu \mid JM \rangle^2 = 2J+1 \qquad (3-38)$$

可得电多极跃迁强度公式如下：

$$\frac{\mathrm{d}B}{\mathrm{d}k} = |\langle j \, I_a J \| \hat{\mathcal{O}}_{E\lambda} \| j_0 \, I_a J_0 \rangle|^2 \sum_{JMM_0\mu} \frac{1}{(2J+1)(2J_0+1)} \, |\langle J_0 \, M_0 \lambda\mu \mid JM \rangle|^2$$

$$= \sum_J \frac{1}{2J_0+1} \, |\langle j \, I_a J \| \hat{\mathcal{O}}_{E\lambda} \| j_0 \, I_a J_0 \rangle|^2 \qquad (3-39)$$

磁多极跃迁较为复杂。相比于 E1 跃迁，M1 反应截面存在因子 v^2/c^2，其中 v 为体系相对运动速度。在低能情况下，$v \ll c$，因此，M1 极跃迁速率一般远小于 E1 极跃迁速率。仅当反应存在强烈共振时，才需要把磁偶极的贡献考虑进来。磁偶极跃迁的算符定义为

$$\hat{\mathcal{O}}_{M1\mu} = \sqrt{\frac{3}{4\pi}} \, \mu_N \Big[e_M \hat{l}_\mu + \sum_{i=a,\,b} g_i (\hat{s}_i)_\mu \Big] \qquad (3-40)$$

于是，$|J_0 M_0\rangle$ 态与 $|JM\rangle$ 态之间的跃迁矩阵元如下：

$$\langle JM \mid \hat{\mathcal{O}}_{M1\mu} \mid J_0 M_0 \rangle = (-1)^{J-M} \begin{pmatrix} J & 1 & J_0 \\ -M & \mu & M_0 \end{pmatrix} \langle j \, I_a J \| \hat{\mathcal{O}}_{M1} \| j_0 \, I_a J_0 \rangle$$

$$(3-41)$$

(1) $\hat{l}_\mu$ 的约化矩阵元如下：

$$\langle j \, I_a J \| \hat{l}_\mu \| j_0 \, I_a J_0 \rangle$$

$$= (-1)^{j+I_a+J_0+1} \sqrt{(2J+1)(2J_0+1)} \begin{Bmatrix} j & j_0 & 1 \\ J_0 & J & I_a \end{Bmatrix} \langle j \| \hat{l}_\mu \| j_0 \rangle \qquad (3-42)$$

式中，$\langle j \| \hat{l}_\mu \| j_0 \rangle = (-1)^{l+\frac{1}{2}+j_0+1} \sqrt{(2j+1)(2j_0+1)} \begin{Bmatrix} l & l_0 & 1 \\ j_0 & j & \frac{1}{2} \end{Bmatrix} \times$

$\langle l \| \hat{l}_\mu \| l_0 \rangle \int_0^{+\infty} u_{lj}^J u_{l_0 j_0}^{J_0} \mathrm{d}r$ 且 $\langle l \| \hat{l}_\mu \| l_0 \rangle = \sqrt{l(l+1)(2l+1)} \, \delta_{ll_0}$。

(2) $(\hat{s}_b)_\mu$ 的约化矩阵元如下：

$$\langle j \, I_a J \| (\hat{s}_b)_\mu \| j_0 \, I_a J_0 \rangle = (-1)^{j+I_a+J_0+1} \sqrt{(2J+1)(2J_0+1)} \begin{Bmatrix} j & j_0 & 1 \\ J_0 & J & I_a \end{Bmatrix} \times$$

$$\langle j \| (\hat{s}_b)_\mu \| j_0 \rangle \tag{3-43}$$

式中，$\langle j \| (\hat{s}_b)_\mu \| j_0 \rangle = (-1)^{l+\frac{1}{2}+j_0+1} \sqrt{(2j+1)(2j_0+1)} \begin{Bmatrix} \frac{1}{2} & \frac{1}{2} & 1 \\ j_0 & j & \frac{1}{2} \end{Bmatrix} \times$

$\langle \frac{1}{2} \| (\hat{s}_b)_\mu \| \frac{1}{2} \rangle \int_0^{+\infty} u_{lj}^J u_{l_0 j_0}^{J_0} \mathrm{d}r$ 且 $\langle \frac{1}{2} \| (\hat{s}_b)_\mu \| \frac{1}{2} \rangle = \sqrt{\frac{3}{2}}$。

同理可得，$(\hat{s}_a)_\mu$ 的约化矩阵元如下：

$$\langle j \, I_a J \| (\hat{s}_a)_\mu \| j_0 \, I_a J_0 \rangle = (-1)^{j+I_a+J_0+1} \sqrt{(2J+1)(2J_0+1)} \begin{Bmatrix} I_a & I_a & 1 \\ J_0 & J & j \end{Bmatrix} \times$$

$$\langle I_a \| (\hat{s}_a)_\mu \| I_a \rangle \delta_{jj_0} \tag{3-44}$$

且 $\langle I_a \| (\hat{s}_a)_\mu \| I_a \rangle = \sqrt{I_a(I_a+1)(2I_a+1)}$。

对于每一分波，利用式(3-44)可以推得多极强度 $\dfrac{\mathrm{d}B}{\mathrm{d}k}(\lambda, l_0, j_0 \to k, l, j)$ 如下：

$$\begin{aligned}
\frac{\mathrm{d}B}{\mathrm{d}k} &= \sum_{JMM_0\mu} \frac{1}{2J_0+1} |\langle JM | \hat{\mathcal{O}}_{\mathrm{M1}\mu} | J_0 M_0 \rangle|^2 \\
&= \sum_{JMM_0\mu} \frac{1}{2J_0+1} |\langle j \, I_a J \| \hat{\mathcal{O}}_{\mathrm{M1}} \| j_0 \, I_a J_0 \rangle|^2 \begin{pmatrix} J & \lambda & J_0 \\ -M & \mu & M_0 \end{pmatrix}^2 \\
&= \sum_J \frac{1}{2J_0+1} |\langle j \, I_a J \| \hat{\mathcal{O}}_{\mathrm{M1}} \| j_0 \, I_a J_0 \rangle|^2
\end{aligned} \tag{3-45}$$

式中，$\langle j\ I_a J \|\hat{\mathcal{O}}_{M1}\| j_0\ I_a J_0 \rangle = \sqrt{\dfrac{3}{4\pi}}\ \mu_N \big[e_M \langle j\ I_a J \|\hat{l}_\mu\| j_0\ I_a J_0 \rangle +$

$$g_a \langle j\ I_a J \| (\hat{s}_a)_\mu \| j_0\ I_a J_0 \rangle +$$

$$g_b \langle j\ I_a J \| (\hat{s}_b)_\mu \| j_0\ I_a J_0 \rangle \big] \qquad (3-46)$$

将上述的约化矩阵元代入式(3-46)即可得出各个分波的强度公式。

由此可以得知，$c+\gamma \rightarrow a+b$ 反应的光子吸收截面 $\sigma_\gamma^{\pi\lambda}$ 为

$$\sigma_\gamma^{\pi\lambda} = \frac{(2\pi)^3(\lambda+1)}{\lambda\big[(2\lambda+1)!!\big]^2}\left(\frac{E_\gamma}{\hbar c}\right)^{2\lambda-1}\frac{dB}{dE} \qquad (3-47)$$

由细致平衡理论可得 $a+b \rightarrow c+\gamma$ 反应的多极俘获截面如下：

$$\sigma_\lambda^{dc}(E) = \left(\frac{\kappa}{k}\right)^2 \frac{2(2I_c+1)}{(2I_a+1)(2I_b+1)}\sigma_\gamma^\lambda \qquad (3-48)$$

式中，κ 为入射核子的波矢大小，k 为光子波矢大小。

总的直接俘获截面可由跃迁至复合核束缚态的截面加权求和而得。权重系数与该量子态有关，称为单粒子光谱因子(spectroscopic factor)$C^2 S$，有如下关系：

$$\sigma_{tot}(E) = \sum_{i,\pi,\lambda}(C^2 S)_i\ \sigma_{\pi\lambda,i}^{dc}(E) \qquad (3-49)$$

式中，下标 i 表示各定态量子数，π、λ 分别表示辐射俘获属性(电或磁)与极性(偶极、四极等)。

对于带电的入射粒子(如：质子、α 粒子)，定义 S 因子表征库仑势对反应截面的影响。S 因子形式如下：

$$S(E) = E\,\sigma_{tot}\,e^{2\pi\eta(E)}$$

其中

$$\eta(E) = \frac{Z_a Z_b e^2}{\hbar v} \qquad (3-50)$$

v 为 a、b 粒子的相对运动速度大小。

3.2.4 共振截面

共振截面一般采用 Briet-Wigner 公式计算。由于核力为短程力,入射粒子在 r 足够大时,只受到离心势垒和库仑势的作用。其径向波函数满足:

$$\left[\frac{1}{r^2} \frac{\mathrm{d}}{\mathrm{d}r} r^2 \frac{\mathrm{d}}{\mathrm{d}r} + k^2 - \frac{l(l+1)}{r^2} - \frac{2k\gamma}{r} \right] u_l(r) = 0 \qquad (3-51)$$

式中,$\gamma = Z_a Z_b e^2 / \hbar v$,$Z_a$、$Z_b$ 为原子核和入射粒子的电荷数。对于中子,$Z_b = 0$,该方程存在两个独立的解 F_l、G_l。当 $kr \gg l$ 时,其渐近行为近似于正弦和余弦波函数

$$F_l \rightarrow \sin\left(kr - \frac{1}{2}\pi l\right) \qquad (3-52a)$$

$$G_l \rightarrow \cos\left(kr - \frac{1}{2}\pi l\right) \qquad (3-52b)$$

将 F_l、G_l 线性组合,得到出射球面波 u_l^+ 和入射球面波 u_l^-:

$$u_l^{\pm} = G_l \pm \mathrm{i}\, F_l \qquad (3-53)$$

显然,出射波需满足散射波的边界条件 $\psi(r, \theta) \rightarrow \mathrm{e}^{ikz} + f(\theta)\,\mathrm{e}^{ikr}/r$ 的解为

$$u_l = u_l^- - S_l u_l^+ \qquad (3-54)$$

由于核内粒子的波函数未知,内部波函数和外部的渐近自由波函数在 $r = R$ 处一致(match),满足波函数在该点连续和可导的条件。假设

$$f = R\left(\frac{1}{u_l} \frac{\mathrm{d}u_l}{\mathrm{d}r}\right)_{r=R} \qquad (3-55)$$

定义:

$$\frac{R}{u_l^{\pm}} \frac{\mathrm{d}u_l^{\pm}}{\mathrm{d}r} = \Delta_l \pm \mathrm{i}\,\gamma_l$$

$$\Delta_l = R(G_l G_l' + F_l F_l')/(G_l^2 + F_l^2) \qquad (3-56)$$

$$\gamma_l = R(G_l G_l' - F_l F_l')/(G_l^2 + F_l^2)$$

得到 S_l 为

$$S_l = \frac{f - \Delta_l + i\,\gamma_l}{f - \Delta_l - i\,\gamma_l}\,\frac{u_l^-}{u_l^+} \tag{3-57}$$

当 f 为实数时，$|S_l|=1$，此时只有散射，没有其他核反应，散射截面最大。设在 $E=E_R$ 处，f 实部为 0，则在 E_R 附近有

$$f \approx (E - E_R)\left(\frac{\mathrm{d}f}{\mathrm{d}E}\right)_{E=E_R} - \mathrm{i}a \tag{3-58}$$

这里第二项表示散射部分，令：

$$\Gamma_a = -2\gamma_l\Big/\left(\frac{\mathrm{d}f}{\mathrm{d}E}\right)$$

$$\Gamma_b = -2a\Big/\left(\frac{\mathrm{d}f}{\mathrm{d}E}\right)$$

$$\Gamma = \Gamma_a + \Gamma_b$$

得到

$$S_l^r = 1 - \frac{\mathrm{i}\,\Gamma_a}{(E - E_r) + \dfrac{\mathrm{i}\Gamma}{2}}\,\frac{u_l^-}{u_l^+} \tag{3-59}$$

代入反应截面表达式：

$$\sigma(E) = \frac{\pi\hbar^2}{2\mu E}\,\frac{2J+1}{(2J_1+1)(2J_2+1)}(1 - S_l^r S_l^{r\prime}) \tag{3-60}$$

得到单能级的 Breit-Wigner 共振截面公式：

$$\sigma(E) = \frac{\pi\hbar^2}{2\mu E}\,\frac{2J+1}{(2J_1+1)(2J_2+1)}\,\frac{\Gamma_a\Gamma_b}{(E-E_r)^2 + \left(\dfrac{\Gamma}{2}\right)^2} \tag{3-61}$$

式中，J、J_1 和 J_2 分别为共振道自旋、核 a 的自旋以及核 b 的自旋，Γ_a 为入射道的宽度，Γ_b 为出射道的宽度。对于中子俘获反应，Γ_a 为中子衰变宽度，Γ_b 为 Γ_γ，即 γ 衰变的宽度。在实际计算中，宽度随着能量变化，其依赖关系与穿透因子相关。这一点，我们将在下一章的半经典近似 WKB 处理势垒贯穿问题中详细介绍。

3.3 应用举例：核子俘获反应截面

恒星核合成中有许多重要的反应，比如：CNO 循环、p-p 链等。恒星通过 CNO 循环和 p-p 链不断地将氢转变成氦，并从中获得能量。如本章开头所述，轻核的核子俘获反应影响核合成元素的丰度。为模拟早期宇宙中元素的合成路径，有效约束元素丰度，我们将在本章介绍的电磁跃迁理论框架下计算核子俘获截面。具体地，采用 C. A. Bertulani 的 RADCAP 软件进行计算[43]。它可以用来求解给定势场下体系的束缚态以及散射态波函数，在电磁跃迁理论框架下计算直接俘获截面以及天体物理 S 因子。通过计算相移，判断是否出现共振。整个直接俘获截面的计算主要分为两个阶段：体系波函数的计算与反应截面的计算。分别由 RADCAP 的两个子程序 EIGEN 与 DICAP 完成。关于程序的具体使用以及涉及的各个变量的含义，读者可以根据需要进行学习和实际操作。接下来，举例说明使用 RADCAP 计算重要的质子俘获反应 $D(p, \gamma)^3He$ 的截面、$^7Be(p, \gamma)^8B$ 反应的 S 因子，以及重要的中子俘获反应 $D(n, \gamma)^3H$ 和 $^{16}O(n, \gamma)^{17}O$ 的直接反应截面。

3.3.1 p-p 链反应

p-p 链是轻核聚变反应序列之一。恒星通过 p-p 链不断地将氢转化成氦，并从中获得能量。它在质量小于或等于太阳的恒星中占主导地位，对于类似太阳大小的恒星来说，其辐射所发出的能量有 98% 来自 p-p 链[44]。研究太阳中的 p-p 链反应是研究太阳物理、日地关系中的重要部分。

3.3.1.1 $D(p, \gamma)^3He$

$D(p, \gamma)^3He$ 反应是 p-p 链反应中的第二步。通过该反应，恒星中合成的氘不断被消耗，用于后续反应。该反应在大爆炸核合成理论中十分重要，通过该反应以及其他核子俘获反应，一系列的轻核才得以产生。

^3He 基态的自旋和宇称量子数为 $J_b = \left(\frac{1}{2}\right)^+$，它可以视作一个自由的

$j_b = s_{1/2}$ 的质子与氚核基态耦合,氚核基态的自旋和宇称量子数为 $I_a = 1^+$。^{3}He 的质子分离能为 $E_p = 5.49$ MeV,通过再现分离能可以确定 Woods-Saxon (WS)型中心势场的势阱深度 V_0。 计算表明,D(p, γ)^{3}He 反应的 γ 跃迁以电偶极跃迁(E1)为主。入射 d 波散射态的质子被基态俘获的贡献小,可以忽略。通过调整谱因子完全可以再现实验结果,如图 3-1 所示。实验数据源于文献[45]。读者可以按照文献[46]给出的势场,检验该反应的直接俘获截面;也可以通过调整势场的参数来分析对结果的影响;也可以读入自己的势场,得到谱因子 C^{2}S。

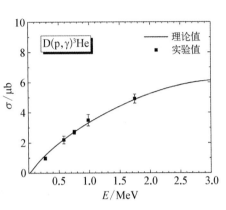

图 3-1　D(p, γ)^{3}He 反应截面

3.3.1.2　^{7}Be(p, γ)^{8}B

地球上观测到的太阳中微子的流密度不足以解释太阳内部所进行的反应。为了解释实际观测到的中微子流密度与太阳模型预言的流密度之间的差异,人们引入了中微子振荡的概念。尽管有了中微子振荡这种解释,我们仍然有必要去定量研究太阳模型中的诸多反应的参数。比如:^{7}Be(p, γ)^{8}B 反应在 $E = 18$ keV 处的 S 因子值会显著地影响太阳产生的高能中微子的流密度,因此有必要精确计算出该反应的 S 因子。

该反应中 ^{8}B 的基态 $J_b = 2^+$ 可视作由一个 $j_b = p_{3/2}$ 的质子与自旋 $I_a = 3/2^-$ 的 ^{7}Be 核耦合而成。取参数 $a = 0.52$ fm,$V_s = -9.8$ MeV[43]。^{8}B 的质子分离能为 0.14 MeV,约束中心势场的势阱深度 V_0 可以很好地还原 ^{8}B 的基态能量。该反应的激发曲线上存在共振峰。理想的情况是势场也可以描述共振态,或者分开考虑。将截面分为两部分,一部分可以描述直接俘获截面,另一部分描述共振截面。

先计算非共振能区的直接俘获截面。取中心势场的势阱深度为 -41.21 MeV,计算体系的束缚态和散射态,进而得到散射态的粒子被束缚态俘获发生电磁跃迁的各极贡献。计算表明:E1 跃迁对截面的贡献远大于其他跃迁,取谱因子 C^{2}S $= 1$ 就可以很好地还原非共振能区的截面。

在共振能区附近，M1 跃迁将起主要作用。取中心势场的势阱深度为 -38.14 MeV、$C^2S=0.7$[46]，可计算出在其共振能 $E_r=0.631$ MeV 处出现共振尖峰。

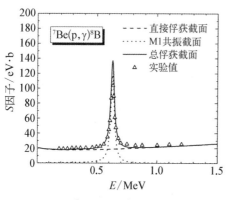

图 3-2 ^{7}Be(p, γ)^{8}B 反应 S 因子

根据这些参数，可以得到其约化跃迁速率 $B(J_r \to J_b, M1)$，从而计算出 M1 跃迁的道宽，约为 46.3 keV。各个电磁跃迁的道宽经计算远小于入射道宽，因此总道宽约等于入射道宽。最后利用 Breit-Wigner 公式即可求得共振能区附近的截面。计算结果如图 3-2 所示，实验数据来源于文献[47]。

3.3.2 中子俘获反应

如前所述，中子俘获过程包含 r 过程和 s 过程。两者的区别在于 β 衰变和中子俘获的平均反应时间。s 过程的中子俘获时间比 β 衰变长，r 过程的中子俘获平均时间则比 β 衰变短很多。所以，慢中子俘获过程产生一些稳定核素，而快中子俘获过程产生丰中子不稳定核素。r 过程主要在核心塌缩Ⅱ型超新星爆发和中子星合并的环境下发生。s 过程分为弱 s 过程、主要 s 过程和强 s 过程。弱 s 过程主要发生在大质量恒星演化过程中，产生质量数 60～90 的核素；主要 s 过程发生在中低质量恒星晚期，产生质量数 90～208 的核素；强 s 过程产生 ^{208}Pb。由于宇宙中的重元素主要来源于中子俘获过程，研究中子俘获反应对宇宙元素演化分析具有重要意义。

3.3.2.1 D(n, γ)^{3}H

氚核的基态量子数 $J_b=1/2^+$，中子的量子数 $j_b=s_{1/2}$，氘核的量子数 $I_a=1^+$。C^2S 因子取 1。氚核的中子分离能为 -6.26 MeV，相应的势阱深度为 -44.55 MeV。计算结果如图 3-3，实验数据源于文献[48]。考虑处于散射

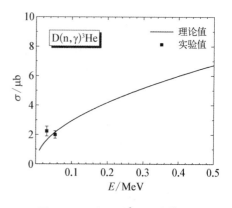

图 3-3 D(n, γ)^{3}H 反应截面

态的 p 波中子 E1 跃迁（p→s）到氚的基态。氚核的基态 $J_b = 1/2^+$ 是由 $j_b = s_{1/2}$ 的中子和氘核的 $I_a = 1^+$ 耦合得到的。

3.3.2.2　$^{16}O(n, \gamma)^{17}O$

大爆炸发生约 1 μs 后出现了中子与质子。在标准的大爆炸模型中，中子与质子是均匀分布的；而在非均匀大爆炸模型中，核子分布不再均匀。非均匀大爆炸模型假想了两种区域，一种区域密度较高，质子丰度高，另一区域密度较低，中子丰度高。

在标准模型中，由于 ^8Li 的 β 半衰期仅为 1 s，而且 β 衰变产生的 ^8Be 会马上衰变成两个 α 粒子，因此大爆炸核合成会终结在 $^7Li(n, \gamma)^8Li$ 反应上。然而在非均匀模型中，由于低密度丰中子区域的存在，核素的合成得以继续。弱 s 过程大多情况下发生在传递氦核和碳燃烧壳层之间的大质量星上，并在氦对流核以及碳燃烧壳层相变期间发生。天体环境中 ^{16}O 的丰度高，反应率决定着 $25M_\odot$ 大质量恒星在弱 s 过程中形成元素的质量范围。^{16}O 也因此被称为重要的"中子吸收剂"。然而，^{17}O 的低能共振态的能级参数二十年来没有被确认。当前核天体物理采用的反应率的数据库是不包含共振截面贡献的。那么，这些低能共振态的贡献对总反应率的影响，以及对核合成元素丰度不确定度的约束，值得深入探讨。

我们基于电磁辐射跃迁理论计算，采用势模型计算 $^{16}O(n, \gamma)^{17}O$ 反应的直接俘获截面，细节详见文献[49]。结果表明，中子从散射态跃迁到基态与第一激发态的俘获截面占总截面的绝大部分，以 E1 跃迁为主。^{17}O 的基态自旋为 $5/2^+$，视为角动量 $d_{5/2}$ 的中子与 ^{16}O 核基态 0^+ 耦合而成。^{17}O 的第一激发态自旋为 $1/2^+$，视作角动量 $s_{1/2}$ 的中子与 0^+ 的 ^{16}O 核耦合而成。^{17}O 基态与第一激发态的能量分别为 4.14 MeV 与 3.27 MeV，取谱因子 $C^2S=1$。计算结果如图 3-4 所示，点线表示中子从 p 波散射态跃迁到 ^{17}O 基态 $5/2^+$ 的直接俘获截面（E1；p→d），虚线表

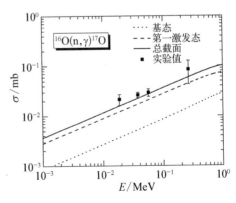

图 3-4　$^{16}O(n, \gamma)^{17}O$ 直接俘获截面

示中子从 p 波散射态跃迁到^{17}O 第一激发态 1/2$^+$ 的直接俘获截面(E1：p→s),实线为总截面,即两个 E1 跃迁之和。实验数据来源于文献[50]。

考虑直接俘获截面和共振截面的干涉项,可以再现共振态附近的截面行为[49],如图 3-5 所示;进一步,计算得到麦克斯韦平均截面(Maxwellian averaged cross section,MACS),如图 3-6 所示。可见,随着温度的升高,低能共振态的贡献逐渐增大,但直接俘获过程仍然占优[49]。在文献[49]中,我们得到的反应率区间在 20 keV 后高出 Mohr 等人的结果约 5%,在 70 keV 后高出卡尔斯鲁厄恒星核合成天体物理数据库(The Karlsruhe Astrophysical Database of Nucleosynthesis in Stars,KADoNiS)建议值 10%～25%。这是因为 Mohr 等人根据更早实验数据得到的共振截面较低。而 KADoNiS 数据库并没有考虑共振截面的贡献[因为^{16}O(n,γ)^{17}O 反应截面的实验数据近二十年没有得到确认]。

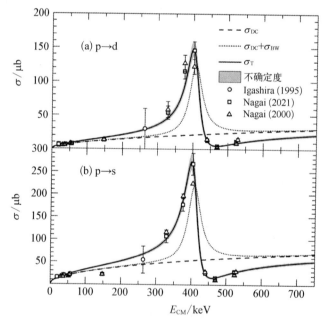

图 3-5 ^{16}O(n,γ)^{17}O 的 E1 跃迁过程对应的直接俘获截面[48]

将详细计算的^{16}O(n,γ)^{17}O 反应截面用于约束大质量 25$M_\odot$ 恒星弱 s 过程合成元素丰度的不确定度,我们成功地将不确定度从以往的 30% 及以上,控制在 5% 以内。相关研究成果发表在 Q1 区美国 *The Astrophysical Journal* 上[49]。

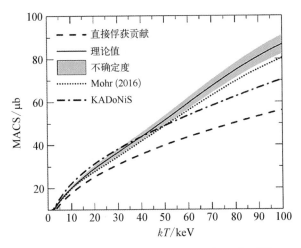

图 3-6　^{16}O(n, γ)^{17}O 的麦克斯韦平均截面[49]

此外，我们利用基于协变密度泛函理论考虑共振态和对关联的 RMF＋ACCC＋BCS（RAB）方法，计算了 ^{17}O 的能级结构[51]。采用四种不同的有效相互作用：NL2、NL3、NLSH 和 TM1。基于 Woods-Saxon 势阱，拟合 RAB 能级，得到 WS 势阱深度 V_0、单中子分离能 S_n、质量半径 r_m 和电荷半径 r_c。同时，我们通过单独调整 WS 势阱的弥散项、自旋轨道耦合势阱深度等参数，研究了这些参数对于 ^{17}O 能级结构的影响。结果表明，即使这些参数调整了 20％，对于 ^{17}O 基态能级大小的影响仍低于 10％。采用 RADCAP 程序计算质心系下 ^{16}O (n，γ)^{17}O 反应的电偶极跃迁过程的直接俘获截面，如图 3-7 所示。四组相互作用下 RAB 方法估算的直接俘获截面范围由图中灰色阴影区表示，其中 NLSH 的计算结果为灰色阴影的上限。实心三角为 Igashira 等人在 1995 年公布的实验数据[49]，实线为 Huang 等人 2010 年的计算结果[46]。可以看出，阴影区与实验值在一个误差范围内符合。

本章首先介绍了电磁辐射跃迁理论：先从自发多极辐射的约化跃

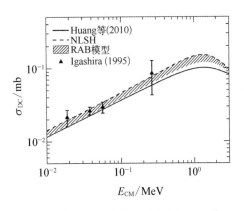

图 3-7　基于 RAB 方法给出的 ^{16}O(n, γ)^{17}O 直接俘获截面[51]

迁速率出发,根据 Wigner-Eckart 定理以及细致平衡理论,得到多极电磁跃迁过程的直接俘获截面的计算公式。之后,实际应用到重要天体演化过程的质子和中子俘获反应。计算表明,电磁辐射跃迁理论估算 E1/ M1 过程的直接俘获截面占优,可再现实验测量的总截面,尤其是可全面评估关键的^{16}O$(n,\gamma)^{17}$O 反应截面及反应率。具体尝试和结论包括采用 Breit-Wigner 公式给出能量依赖的共振截面;考虑直接俘获截面和共振截面的交叉项,可合理描述共振峰附近的反应截面行为,同实验结果符合很好;并通过比较直接俘获截面和共振截面对最终反应率的贡献,发现随着温度的升高,低角动量的低能共振态对反应率的贡献逐渐增加,不过由电磁辐射俘获理论描述的直接俘获过程的贡献依然整体占优;最后,将理论计算的反应率用于约束 $25M_\odot$ 大质量恒星弱 s 过程元素丰度不确定度。

通过本章的学习,读者可以在势模型的框架下,利用电磁辐射跃迁理论研究核子俘获反应在天体演化过程中的作用,分析各极电磁跃迁的贡献;也可以结合微观理论模型提供的核结构信息,将电磁辐射跃迁理论用于约束天体演化过程元素丰度的不确定度,在核天体前沿领域做出重要的工作。

第 4 章
半经典 WKB 近似及其应用：核子衰变宽度及共振截面

量子力学中的 WKB 近似是指 G. Wentzel、H. A. Kramers、L. Brillouin 三人在 1926 年提出的一种近似求解薛定谔方程的方法[52-54]。此方法主要用来求解一维问题，成功处理势垒穿透的实际问题。其基本思想如下：将量子系统的波函数用一个含经典力学作用量的指数函数来表示；然后，对作用量做幂级数展开；再假设波幅或相位的变化很慢，通过一系列运算得到波函数的近似解。这个思想可以推广到更广阔的领域，不仅局限于薛定谔方程，甚至不局限于量子力学。早在 1923 年，数学家 H. Jeffreys[55] 针对二阶线性微分方程发展出一般的近似方法，同样适用于两年后出现的薛定谔方程。不过，三位物理学家各自独立地在做 WKB 近似的研究时，似乎并不知道这个更早的研究。

WKB 方法适用于计算缓慢变化势场下量子体系的能级、能量本征态以及体系的跃迁概率等物理量。通常，缓慢变化的势场指的是势场 $V(r)$ 在几个德布罗意波长尺度内几乎不变：

$$V(r+\delta) \approx V(r), \quad |\delta| \sim \frac{\hbar}{\sqrt{2m[E-V(r)]}} \qquad (4-1)$$

这是该方法被认为是准经典近似或半经典近似的原因。它不但可以成功处理势垒穿透问题，并为早期的量子理论中的角动量量子化条件提供量子力学的根据。与定态微扰论不同,WKB 近似不要求体系的哈密顿量划分为主要项 $\hat{H}_0$ 和微扰项 $\hat{H}' = \lambda W$ 两部分。原则上,WKB 方法可以用于研究强耦合的量子力学体系。乔治·伽莫夫使用这方法首先正确地解释了 α 衰变。

　　本章基于文献[56],首先介绍 WKB 近似的一般理论框架;然后,以影响大质量恒星演化过程的中子俘获反应为例,讨论共振截面里的衰变宽度随能量改变的依据和必要性;比较 WKB 近似与解析渐近解得到的穿透概率的差别,探讨穿透概率对宽度、共振截面,乃至麦克斯韦平均截面的影响;从而考察 WKB 近似用于计算中子俘获反应道衰变宽度的有效性。

4.1　半经典 WKB 近似

　　假设已知两个粒子 a 和 X 之间相对运动的波函数,可近似地认为初始的核子处于原子核势场下的束缚态,复合核处于激发态。在库仑位垒作用下,出射粒子的波函数呈指数衰减,在无限远处成为自由粒子波函数。粒子处于激发态的衰变常数 λ 同粒子的寿命 τ 成反比,可表示成:

$$\lambda = \frac{1}{\tau} = \lim_{r \to \infty} v \int_\theta \int_\phi |\psi(r, \theta, \phi)|^2 r^2 \sin\theta \mathrm{d}\theta \mathrm{d}\phi$$

$$= \lim_{r \to \infty} v \int_\theta \int_\phi \left|\frac{\chi_l}{r}\right|^2 |Y_l^m(\theta, \phi)|^2 r^2 \sin\theta \mathrm{d}\theta \mathrm{d}\phi$$

$$= v |\chi_l(\infty)|^2 \qquad (4-2)$$

　　假设粒子 a 和 X 发生相对运动,相对运动的角动量为 l,那么描述它们之间相对运动的波函数写成径向波函数和角量球谐函数:

$$\psi_{lm}(r, \theta, \phi) = \frac{\chi_l(r)}{r} Y_l^m(\theta, \phi) \qquad (4-3)$$

其中,径向波函数 $\chi_l(r)$ 满足微分方程:

$$\frac{\mathrm{d}^2 \chi_l}{\mathrm{d}r^2} + \frac{2\mu}{\hbar^2}[E - V_l(r)]\chi_l(r) = 0 \qquad (4-4)$$

这里的 $V_l(r)$ 是第 l 个分波的有效半径势场:

$$V_l(r) = \begin{cases} \dfrac{l(l+1)\hbar^2}{2\mu r^2} + \dfrac{Z_1 Z_2 e^2}{r} & (r > R) \\[3mm] \dfrac{l(l+1)\hbar^2}{2\mu r^2} + V_C + V_N & (r < R) \end{cases} \tag{4-5}$$

求解径向波函数的方程并给出波函数的比值可以得到具有相对运动角动量 l 的粒子的穿透因子 P_l 的表达式：

$$P_l = \frac{\chi_l^*(\infty)\,\chi_l(\infty)}{\chi_l^*(R)\,\chi_l(R)} \tag{4-6}$$

显然，穿透因子 P_l 与核力的不确定性无关，需要知道原子核的半径 R。

于是，衰变常数 λ 可由穿透因子 P_l 来表示：

$$\lambda = v P_l \mid \chi_l(R) \mid^2 \tag{4-7}$$

由式(4-2)我们可以得到：

$$\mid \chi_l(R) \mid^2 = \int_\theta \int_\phi \mid \psi_l(R,\theta,\phi) \mid^2 R^2 \sin\theta \, \mathrm{d}\theta \, \mathrm{d}\phi \tag{4-8}$$

上述表达式给出了每单位半径距离下 a 粒子出现在相互作用 R 处的概率，只需要考虑原子核内部的势场 $V_l(r)$。因此，衰变常数 λ 由以下三部分组成：

$$\lambda = (无限远处的速率) \times (穿透因子) \times$$
$$(每单位 \, \mathrm{d}r \, 距离下粒子处于此处原子核半径的概率)$$

无限远处的能量取决于粒子 a 和 X 组成的系统在激发态的能量。

计算粒子衰变宽度 Γ_l（decay width）的不确定性主要来源于最后一个因子，即在原子核表面发现粒子的概率，它非常依赖于原子核所处的态的具体性质，因此与原子核内部的势场有关。不确定性通常会集中到无量纲的数上，称为无量纲约化宽度 θ_l^2（reduced width）。

虽然库仑排斥势 V_C 加上离心势得到的不是严格意义上正确的结果，但是相互吸引的核势 V_N 趋向于产生原子核中心附近区域内最大的概率密度。对于大多数区域，我们还是期望 $\mid \chi_l(R) \mid^2$ 不超过统一的概率密度值：

$$\chi_l^*(R)\,\chi_l(R)\,\mathrm{d}r = \frac{4\pi R^2 \mathrm{d}r}{4\pi R^3/3} = \frac{3}{R}\,\mathrm{d}r \tag{4-9}$$

于是,无量纲约化宽度 θ_l^2 可以定义为

$$\chi_l^*(R)\,\chi_l(R) = \theta_l^2\,\frac{3}{R} \tag{4-10}$$

在不同的简单势场下,我们可以计算无量纲约化宽度 θ_l^2。它通常是一个小于 1 的量。对于原子核不同的态,θ_l^2 计算出的结果在一定的范围:$0.01 < \theta_l^2 < 1$。

通常无量纲约化宽度 θ_l^2 可作为判据,来衡量近稳定的原子核态是否可以由在势场中相对运动的粒子 a 和 X 来描述。在约化宽度很小的情况下,即使原子核态的量子数是确定的,其真实的波函数也可能与粒子 a 和 X 组成体系的束缚态波函数存在类似的形式。粒子衰变宽度 Γ_l 可以写为

$$\Gamma_l = \frac{3\,\hbar v}{R}\,P_l\,\theta_l^2 \tag{4-11}$$

尽管没有原子核具体的势场,无法精确地求解径向波函数方程,但还是能够精确求解出 $|\chi_l(\infty)|^2$ 与 $|\chi_l(R)|^2$ 的比值。由波函数的连续性和可导性的要求,$r < R$ 区域的波函数必须和 $r > R$ 区域的波函数一致(match),即在 $r=R$ 时波函数的值以及波函数的导数都相同。对于我们关心的穿透因子 P_l,则可以取 $\chi_l(R)$ 为任意值,对 $\chi_l(R)$ 从 $r=R$ 到 $r=\infty$ 范围内进行数值积分到穿透因子的值。

另外,从分析库仑场下径向薛定谔方程的解,也可以得到穿透因子的精确值。角动量 l 的库仑分波方程有常规(regular)解和非常规(irregular)解。常规的库仑波函数 $F_l(r)$ 的渐近行为如下:

$$F_l(0) \to 0 \tag{4-12}$$

$$F_l(r) \xrightarrow[r \to \infty]{} \sin\left(kr - \frac{l\pi}{2} - \eta\ln 2kr + \sigma_l\right) \tag{4-13}$$

另一个独立解是非常规(irregular)库仑波 $G_l(r)$,渐近行为如下:

$$G_l(0) \to \infty \tag{4-14}$$

$$G_l(r) \xrightarrow[r \to \infty]{} \cos\left(kr - \frac{l\pi}{2} - \eta\ln 2kr + \sigma_l\right) \tag{4-15}$$

在上述方程中，$k = p / \hbar$ 是波矢或波数，波数 k 与波长 λ 的数值关系为 $k = 2\pi / \lambda$，σ_l 是 Γ 复合函数中的辐角：

$$e^{i\sigma_l} \mid \Gamma(l+1+i\eta) \mid = \Gamma(l+1+i\eta) \qquad (4-16)$$

式中，$\eta = Z_1 Z_2 e^2 / \hbar v$。

在 $r > R$ 的情况下，方程的解就是库仑波函数两个独立解的线性组合：

$$\chi_l(r) = A F_l(r) + B G_l(r) \qquad (4-17)$$

对于库仑波来说，还应考虑时间演化因子 $\exp[-i(E/\hbar)t]$。考虑无限远处辐射波线性组合的要求：$A = iB$，χ_l 有如下解析形式：

$$\chi_l(r) = e^{+ikr}$$

穿透因子 P_l 即可以表示为

$$P_l = \frac{\mid \chi_l(\infty) \mid^2}{\mid \chi_l(R) \mid^2} = \frac{1}{F_l^2(R) + G_l^2(R)} \qquad (4-18)$$

穿透因子 P_l 由库仑波函数 F_l 和 G_l 表示，又称为渐近解（asymptotic solution，AS）方式。

由于粒子的入射能量远小于势垒 $V_l(E)$，将采用 WKB 近似描述穿透因子。考虑微分方程：

$$\frac{d^2 y}{d x^2} = -f(x) y \qquad (4-19)$$

当 $f(x)$ 为正数时，方程的解是正弦函数形式；当 $f(x)$ 为负数时，方程的解是指数函数形式。即使 $f(x)$ 不是常数，是一个随着自变量缓慢变化的函数，我们也可以将方程的解近似视为 $\sin(\sqrt{f}x)$ 或者 $\exp(\sqrt{f}x)$ 的形式。由于近似解误差的量级 $\Delta x \approx 1/\sqrt{f}$，那么在 $\Delta f(x)/\Delta x \ll f(x)$ 情况下，可采用近似解：

$$\Delta f(x) \approx f'(x) \Delta x \approx f'(x) / \sqrt{f(x)} \ll f(x) \qquad (4-20)$$

通过以上的近似方法，我们来求解方程（4-19）的解。假设解为指数形式：

$y(x) = e^{i\phi(x)}$。$f(x)$ 的正负是不确定的,所以 $\phi(x)$ 可能是实数、虚数或者是复数。我们可以将方程(4-19)写成如下形式:

$$i\phi'' - (\phi')^2 + f(x) = 0 \qquad (4-21)$$

如果想求解这个方程,$\phi(x)$ 必须是缓慢变化的,所以可以暂时不考虑 ϕ'',因为 ϕ'' 非常小,当得到方程的解时,需要检验 ϕ'' 来验证结果的正确性。经过上述步骤,ϕ' 和 ϕ'' 的形式如下:

$$\phi' \approx \pm\sqrt{f(x)}\,;\; \phi'' = \frac{1}{2}f'/\sqrt{f} \qquad (4-22)$$

只要 $\phi \ll f(x)$ 的条件成立,不考虑 ϕ'' 是合理的,这种情况就等价于之前的式(4-20)。

为精确求解 $\phi(x)$,定义:

$$\phi'(x) \equiv \pm\sqrt{f(x)} + \eta(x) \qquad (4-23)$$

式中,$\eta(x)$ 是一个附加函数,其目的是精确地再现 ϕ'。这种表示方法的好处是,当 $f(x)$ 变化非常缓慢时,$\eta(x)$ 也会非常小;当 $f(x)$ 趋近于一个常数时,$\eta(x)$ 趋近于 0。当然,如果 $\eta(x)$ 相对于 $\sqrt{f}$ 很小的条件不成立,我们就不会得到方程的近似解。将式(4-23)代入式(4-21)中求解二阶微分方程,结果如下:

$$\pm\frac{i}{2}\frac{f'}{\sqrt{f}} + i\eta' \mp 2\eta\sqrt{f} - \eta^2 = 0 \qquad (4-24)$$

如果 η 相对于 $\sqrt{f}$ 的值小并且变化得也很缓慢,那么 $i\eta' - \eta^2$ 也可以暂时忽略。上述忽略 $i\eta' - \eta^2$ 的方法在下列条件成立的情况下是合理的:

$$|\eta^2 - i\eta'| \ll \left|\frac{f'}{2\sqrt{f}}\right| \qquad (4-25)$$

假设上述情况成立,我们就可以推导得出:

$$\eta \approx \frac{i}{4}\frac{f'}{f} \qquad (4-26)$$

将式(4-26)代入式(4-27)中可得

$$\left|-\frac{1}{4}\frac{f''}{f}+\frac{5}{16}\left(\frac{f'}{f}\right)^2\right|\ll\left|\frac{f''}{2\sqrt{f}}\right| \qquad (4-27)$$

通过对上述问题的分析可知，只有当假设条件成立的情况下，才能得到方程正确的近似解。显然，一个满足条件的函数 f 必然满足如下形式：$f\gg f''$，即函数本身的值远大于其二阶导数的值。但是，从式(4-27)中又可以得出如下结论：当 $f(x)\to 0$ 时，方程是没有近似解的。在不考虑这些问题的情况下，对方程(4-23)进行积分可以得到：

$$\phi(x)=\pm\int_0^x\sqrt{f(z)}\,\mathrm{d}z+\mathrm{i}\ln|f(x)|^{1/2} \qquad (4-28)$$

式(4-28)对数项中的绝对值符号的作用是无论 f 的正负，f'/f 都能进行积分。因此，根据最初的假设：

$$y=\mathrm{e}^{\mathrm{i}\phi}\approx A\,|f(x)|^{-1/2}\exp\left[\pm\int_0^x\sqrt{f(z)}\,\mathrm{d}z\right] \qquad (4-29)$$

方程的通解是正负指数形式项的任意线性组合，常数由方程的边界条件决定。

假设函数 $f(x)$ 在 $x=x_0$ 处有一个节点，但是 $f(x)$ 在 x_0 两边的行为是足够"好"的，以至于能够求得除 x_0 的其他区域方程的近似解。在 x_0 两边方程的近似解有两种情况：当 $f(x)>0$ 方程的解是正弦函数形式，当 $f(x)<0$ 时，方程的解是指数函数形式。函数 $f(x)$ 是缓慢变化的，并且在 $x=x_0$ 处会改变正负号，我们用 $y(x)$ 来表示微分方程的精确解。当 $x\ll x_0$ 时，近似解为 $y_-(x)$；当 $x\gg x_0$ 时，方程的近似解为 $y_+(x)$，这里的 x 距离节点 x_0 都非常远。由于我们无法在近邻 x_0 的区域求得近似解，因此就要考虑应该选取哪种近似解 $y_-(x)$，才能得到节点另一端合理的近似解 $y_+(x)$。 Kramers 首次提出，在两个近邻 x_0 区域得到对应一致近似解的方法，通常称为 WKB 关联公式。这里，我们以无限远处的辐射波为例说明。

首先，方程有如下近似解：

$$y_+(x)=Af(x)^{-1/2}\exp\left(\mathrm{i}\int_{x_0}^x\sqrt{f}\,\mathrm{d}x\right)\quad[x>x_0,\ f(x)>0] \qquad (4-30\mathrm{a})$$

$$y_-(x) \approx A \, e^{i\pi/4} \mid f(x) \mid^{-1/2} \exp\left[\int_x^{x_0} \sqrt{\mid f(x) \mid}\right] dx \quad [x \ll x_0, f(x) < 0]$$

(4 - 30b)

事实上,如果第一个近似解是一个纯辐射波,那么第二个近似解就是增指数函数和减指数函数的线性组合。如果不考虑它们在节点 x_0 附近的相对组合,则当 $x \ll x_0$ 时方程的近似解就是减指数函数,上述的近似解 $y_-(x)$ 也就是合理的。因为薛定谔方程在 $r > R$ 的区域就是这样一种形式,在这一区域内 WKB 方法是适用的,因此这些特殊解给出了穿透因子一个合理的近似结果。在 $r > R$ 区域有如下方程成立:

$$\chi_l{''} + f(x) \chi_l(r) = 0$$

(4 - 31)

式中,函数 $f(r)$ 定义为

$$f(r) = \frac{2\mu}{\hbar}\left[E_c - \frac{Z_1 Z_2 e^2}{r} - \frac{l(l+1)\hbar^2}{2\mu r^2}\right]$$

(4 - 32)

可以推得 $f(x)$ 在节点 R_0 左右符号是相反的。通过引入关联公式可以得到:

$$\chi_l(r > R_0) = A[E_c - V_l(r)]^{-1/2} \exp\left[i\int_{R_0}^r \sqrt{f(r)}\, dr\right]$$

(4 - 33)

$$\chi_l(R < r \ll R_0) = A \, e^{i\pi/4}[V_l(r) - E_c]^{-1/2} \exp\left[\int_r^{R_0} \sqrt{-f(r)}\, dr\right]$$

(4 - 34)

因此,由式(4 - 18)可得穿透因子的 WKB 值:

$$P_l = \frac{\chi_l^*(\infty)\chi_l(\infty)}{\chi_l^*(R)\chi_l(R)} = \left[\frac{V_l(R) - E_c}{E_c}\right]^{1/2} \exp\left\{-\frac{2\sqrt{2\mu}}{\hbar}\int_R^{R_0}[V_l(r) - E_c]^{1/2} dr\right\}$$

(4 - 35)

其中,E_c 表示库仑位垒:

$$E_c = \frac{Z_1 Z_2 e^2}{R} \approx 1.44(\text{MeV} \cdot \text{fm})\frac{Z_1 Z_2}{R}$$

(4 - 36)

R 称为原子核半径,代表粒子 1、2 质心点的相对距离,选取距离 R 等于两个相互作用的核子半径之和。可以从实验和原子核中电子的相对散射信息两个方面得到原子核半径的数据。通常可以用下式近似:

$$R_A = 1.25\, A^{1/3}\, \mathrm{fm} \tag{4-37}$$

对于库仑位垒,可以将其视为两个相互作用的带电球体之间的库仑能,计算库仑能即可得到库仑位垒,公式如下：

$$E_c \approx \frac{Z_1 Z_2}{A_1^{1/3} + A_2^{1/3}} \mathrm{MeV} \tag{4-38}$$

用 E_l 表示原子核表层上的离心位垒,则可以得到离心位垒的计算公式：

$$E_l = \frac{l(l+1)\hbar^2}{2\mu R^2} \approx 20.9 (\mathrm{MeV \cdot fm^2}) \frac{l(l+1)}{A R^2} \tag{4-39}$$

最后,定义 E_B 等于上述两种势能之和,即

$$E_B = E_c + E_l$$

于是,穿透因子的 WKB 解就可以表示为

$$P_l = \left(\frac{E_B - E}{E}\right)^{1/2} \exp\left[-\frac{2\sqrt{2\mu}}{\hbar} \int_R^{R_0} \left(\frac{E_c R}{r} + \frac{E_l R^2}{r^2} - E\right)^{1/2} \mathrm{d}r\right] \tag{4-40}$$

式中, E_c 和 E_l 都是以 MeV 为单位。实际上,在大多数天体问题中,由于相比位垒 E_B 来说,粒子的入射能量 E 很小,所以在方程(4-40)中,可忽略 E；一个更简化的方法是用 $E_c^{1/2}$ 代替 $(E_B - E)^{1/2}$,然后分析穿透因子的 WKB 解。

4.2　应用举例：共振截面

核反应主要存在两种反应机制：直接过程和复合核过程。直接过程中入射粒子和靶核作用时间短,发生能量交换后入射粒子被散射或再次发射。复合核过程入射粒子与靶核作用,最终停留在靶核中,形成中间平衡状态的复合核,之后复合核发射粒子形成稳定核。复合核中的共振态对反应截面的贡献,即共振截面,可由 Breit-Wigner 公式给出。其中,衰变道的宽度同穿透因子成正比,穿透因子可采用 WKB 近似。下面,我们将一方面采用 WKB 近似得到衰变道宽度,另一方面用渐近解的方法得到衰变道宽度；最后,通过对比的方

式考察 WKB 近似处理势垒贯穿问题的有效性。

4.2.1　WKB 近似下核子衰变宽度

第三章中我们提到,可以用 Breit-Wigner 公式定量考虑单粒子共振态对总俘获截面的贡献。反应 A+a→C→B+b 的共振截面写成:

$$\sigma_R = \frac{\pi \hbar^2}{2\mu E} \frac{2J_C+1}{(2J_A+1)(2J_a+1)} \frac{\Gamma_a \Gamma_r}{(E-E_R)^2+(\Gamma/2)^2} \qquad (4-41)$$

式中,E 为入射粒子的相对动能,E_R 是共振能量。J_A、J_a、J_C 分别为靶核、入射粒子和复合核的自旋角动量。Γ_a 是粒子 a 的分宽度,是入射道宽度,决定弹性散射的概率。Γ_r 是反应道宽度,决定复合核沿除入射道之外所有道衰变的概率。Γ 为总宽度,决定复合核衰变的总概率,是各种衰变方式的分宽度之和。

考虑中子俘获反应,即 A+n→C→B+γ,则 $\Gamma_r = \Gamma_\gamma$,$\Gamma_a = \Gamma_n(E)$,入射道宽 Γ_a 是入射能量 E 的函数。总宽度 $\Gamma = \Gamma_n(E) + \Gamma_\gamma$。 此处,我们直接将中子衰变宽度 Γ_n 写成了能量依赖的 $\Gamma_n(E)$。 实际上,如果按照一般教科书所示,Breit-Wigner 公式(4-41)中的 Γ_n 取成对应于中子共振能量的宽度值(即常量)。我们的研究表明,远离共振能量的低能部分的截面,随着能量的减小而变大,显然与实际测量值的趋势相悖。因此,中子衰变宽度 $\Gamma_n(E)$ 应该采用如下的能量依赖形式,正比于穿透因子 P_l:

$$\Gamma_n(E) = 3 \frac{\hbar c}{R} \sqrt{\frac{2E}{\mu c^2}} \, P_l \, \theta_l^2 \qquad (4-42)$$

式中,R 为核半径,θ_l^2 为无量纲约化宽度。实际上,θ_l^2 可以通过实验获得的共振能量 E_R 的值和宽度 $\Gamma_n(E_R)$ 来确定。由于该反应中,入射粒子为中子,不考虑库仑相互作用,也就是库仑位垒 $E_c = 0$。这样,利用 WKB 方法得到的穿透因子式(4-40)就变为

$$P_l = \left(\frac{E_l - E}{E}\right)^{1/2} \exp\left[-\frac{2\sqrt{2\mu}}{\hbar} \int_R^{R_0} \left(\frac{E_l R^2}{r^2} - E\right)^{1/2} \mathrm{d}r\right] \qquad (4-43)$$

式中,离心位垒 E_l 与前述定义相同。式中的积分是存在解析形式的:

$$\int_{R}^{R_0}\left(\frac{E_l R^2}{r^2}-E\right)^{\frac{1}{2}}\mathrm{d}r = R\left[\sqrt{E_l}\ln\left(\sqrt{\frac{E_l}{E}}+\sqrt{\frac{E_l}{E}-1}\right)-\sqrt{E_l-E}\right]\quad(4-44)$$

这样，我们就通过 WKB 近似获得了中子俘获反应过程穿透因子的表达式。

4.2.2　无库仑相互作用下的解析形式

在没有库仑相互作用时，体系的波函数满足薛定谔方程，可由波函数的渐近解——贝塞尔函数和诺伊曼函数得到穿透因子 P_l。Gunsing 在其文章中给出了对应不同的轨道角动量 l 的穿透因子 P_l 的表达式，如表 4-1 所示[57]，其中 $\rho=\kappa a_c$，κ 是质心系下体系的动量，a_c 是复合核半径。

表 4-1　不同轨道角动量 l 下穿透因子 P_l、能级位移 S_l 及相移 ϕ_l 的取值

l	P_l	S_l	ϕ_l
0	ρ	0	ρ
1	$\rho/(1+\rho^2)$	$-1/(1+\rho^2)$	$\rho-\arctan\rho$
l	$\dfrac{\rho^2 P_{l-1}}{(l-S_{l-1})^2+P_{l-1}^2}$	$\dfrac{\rho^2(l-S_{l-1})}{(l-S_{l-1})^2+P_{l-1}^2}-l$	$\phi_{l-1}-\arctan\dfrac{P_{l-1}}{l-S_{l-1}}$

至此，我们给出两种得到衰变宽度的方法——WKB 近似和渐近解析形式。鉴于第三章阐述的 $^{16}\mathrm{O}(\mathrm{n},\gamma)^{17}\mathrm{O}$ 反应中阈值附近低能、低角动量共振态的重要性，我们以 $2\mathrm{p}_{3/2}$ 共振轨道为例，说明 WKB 近似和渐近解析形式给出的穿透因子、中子衰变宽度的差别，以及由此对截面等的影响。

图 4-1 展示了分别利用 WKB 近似和渐近解析形式（AS）计算 $^{16}\mathrm{O}$ 的中子俘获反应 $2\mathrm{p}_{3/2}$ 共振轨道的穿透因子[58]。可以看到，1 MeV 以内 WKB 法给出的穿透因子整体高于渐近解析形式给出的结果，其比值随着能量的

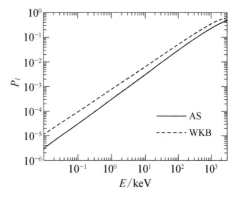

图 4-1　两种方法计算 $^{16}\mathrm{O}$ 中子俘获中 $2\mathrm{p}_{3/2}$ 共振的穿透因子及其比值

增大而降低。虽然两种方法给出的穿透因子差异不小,但由于无量纲约化宽度 θ_l^2 的存在,使得中子衰变宽度的差异降低了。

基于这两种方法,我们分别计算了 $^{16}O(n, \gamma)^{17}O$ 反应中 $2p_{3/2}$ 共振的分波截面以及相应的总俘获分波截面,如图 4-2 所示[58]。总俘获截面表达式为

$$\sigma_T = \sigma_{DC} + \sigma_R + 2\sqrt{\sigma_{DC}\,\sigma_R}\cos\delta_R(E) \qquad (4-45)$$

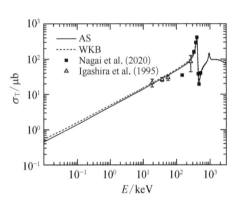

式中,第一项为直接俘获截面,可以按照第三章电磁辐射跃迁理论计算得到,第二项为共振截面,第三项为直接俘获和共振的相干项,$\delta_R(E)$ 为相移。对于 $2p_{3/2}$ 能级的共振,取共振能量 $E_R = 411$ keV,共振宽度 $\Gamma_n(E_R) = 42.5 \pm 5$ keV,谱因子取值为 1。

图 4-2 $^{16}O(n, \gamma)^{17}O$ 总截面

被俘获的中子通过电偶极(E1)跃迁:从散射 p 态跃迁到 $1d_{5/2}$ 能级(基态),以及从散射 p 态跃迁到 $2s_{1/2}$ 能级(第一激发态),这两部分之和为总直接俘获截面。实验数据来自参考文献[49,59]。在图 4-2 中,利用 WKB 半经典方法得到穿透因子并计算得到的总反应截面为黑色虚线,利用波函数渐近解的解析形式得到的结果用实线表示。可以看出,使用 WKB 方法的 ^{16}O 中子俘获截面与使用渐近解析解计算出的截面趋势上一致,且数值上的差别较小。我们通过考察均方根偏差(root mean square error, RMSE)来衡量两种计算结果与实验数据的差别。WKB 近似计算结果与实验数据的均方根偏差 RMSE = 2.174 μb,渐近解析形式计算结果与实验数据的均方根偏差 RMSE = 2.271 μb。可见,WKB 半经典方法得到的穿透因子虽然比渐近方法得到的解析解稍大点,但对于俘获反应的总截面的影响很小,可以忽略。

综上所述,作为求解势垒贯穿问题的半经典近似方法,WKB 方法有着广泛的应用。本章首先介绍了半经典 WKB 近似的原理和主要公式;然后,以中子俘获反应为例,比较了 WKB 近似与渐近解析解两种方式给出的穿透因子和总反应截面的差别。发现在核天体物理关心的低能(~2 MeV 以下)范围

内，两种方法得到的穿透因子虽然在数值上有一定的差异，但是对于总反应截面，乃至反应率的影响较弱。最后，我们得到如下两个主要结论：估算共振截面的 Breit-Wigner 公式中的中子衰变宽度必须是能量依赖的，否则在低于共振能量区域将给出非物理结果；另外，WKB 近似适用于处理势垒贯穿问题，可广泛用于核反应及恒星演化的核合成过程。

第5章
相对论平均场理论及其应用：中子星的 质量和半径关系

协变密度泛函理论(covariant density functional theory)基于 1935 年 Yukawa 提出的核力的介子交换理论(meson exchange theory)，认为核子-核子相互作用是通过交换介子实现的。1951 年，Schiff 提出用介子交换理论来描述原子核多体系统。根据线性理论，Johnson 和 Teller 提出了原子核的饱和机制。20 世纪 60 年代，已经发展了相对论 Hartree 方法计算原子核结构性质。70 年代初期，李政道和 Wick 发现介子场中强非线性耦合会导致非正常核物质；1974 年，Walecka 提出标量势和矢量势的可重整化相对论平均场，即 Walecka 模型(σ-ω 模型)，σ 介子提供中程吸引势，ω 介子提供短程排斥势；由于没有考虑介子的非线性相互作用，导致核物质的不可压缩性系数很大。后来，Boguta 和 Bodmer 引入 σ 介子的非线性相互作用，Serot 在 Walecka 模型基础上引入区分质子和中子同位旋矢量的 ρ 介子和长程力的 π 介子。协变密度泛函理论取得了很大的成功，无论是描述有限原子核系统的性质，还是用于不对称核物质，比如：中子星。

本章基于协变密度泛函理论，从包含核子、介子自由度的有效拉格朗日密度出发，采用变分原理，运用 Euler-Lagrange 方程得到核子场运动方程——Dirac 方程和介子场运动方程——含有源项的 Klein-Gordon 方程。由于核力非微扰特性的限制，无法用微扰论的方法处理上述运动方程，通常用介子场的期望值代替场算符,采用平均场近似。假设核子在包含核子-核子相互作用、核子-介子相互作用、介子场的非线性自相互作用的平均场中运动。对于无限大的核物质而言,不考虑库仑相互作用。Dirac 方程中的势场既含有标量势,又含有矢量势。在球形近似下,给定初始势场,求解描述核子运动的 Dirac 方程,得到二分量旋量的核子波函数;用于计算由核子标量密度或矢量密度组成的各介子场方程的源项;求解描述介子运动的 Klein-Gordon 方程,得到介子场;进而用于计算能量密度与压强,得到状态方程(equation of state, EoS)。对于包含中子-质子-电子-μ 子在内的中子星来说,需要考虑化学平衡条件、电中性条件和重子数守恒后,才能得到中子星物质状态方程。另外,本章回顾了牛顿引力平衡方程和考虑广义相对论效应修正的 Tolman-Oppenheimer-Volkoff (TOV) 方程。将上述中子星的状态方程作为 TOV 方程的输入量,最终获得中子星的质量-半径关系。

下面,我们先大体介绍相对论平均场理论框架,从微观相互作用出发给出状态方程;然后用于研究中子星的质量和半径关系。作为铺垫,我们简要介绍了中子星的基本知识,包括中子星的理论预言到最新观测。需要指出,本章对于中子星的描述只考虑核子间相互作用,因此得到的最大质量会超过 $2M_{\odot}$;如果加入超子,状态方程将被软化,导致最大质量在 $1.3\sim1.7M_{\odot}$,小于天文观测到的 $2M_{\odot}$。关于这个问题的探讨属于国际前沿课题,目前一种观点认为重子间三体力会提供排斥作用,使得状态方程变硬,从而得到大于 $2M_{\odot}$ 中子星质量上限。读者可以基于本章的协变能量密度泛函理论,进一步考虑其他粒子存在于中子星中的可能性。

5.1　相对论平均场理论

关于相对论平均场理论的发展过程及详细的理论框架,读者可参考文献[20]。下面,我们在此框架下,推导核物质状态方程。

5.1.1　核物质状态方程

核物质的状态方程作为 TOV 方程的输入,对中子星性质的描述起着决定性作用。本节从核物质的拉格朗日密度出发,介绍推导核物质状态方程的主要公式,得到能量密度-压强关系。

5.1.1.1 利用欧拉-拉格朗日方程得到核子场与介子场的运动方程

考虑核子-核子、核子-介子、介子-介子(σ、ω、$\boldsymbol{\rho}$ 介子)相互作用,核物质的拉氏量密度可以表示为如下形式:

$$\mathcal{L} = \bar{\psi}[\mathrm{i}\gamma^\mu \partial_\mu - m - g_\sigma \sigma - g_\omega \gamma^\mu \omega_\mu - g_\rho \gamma^\mu \boldsymbol{\tau} \cdot \boldsymbol{\rho}_\mu]\psi +$$

$$\frac{1}{2}\partial^\mu \sigma \partial_\mu \sigma - \frac{1}{2}m_\sigma^2 \sigma^2 - \frac{1}{3}g_2 \sigma^3 - \frac{1}{4}g_3 \sigma^4 -$$

$$\frac{1}{4}\omega^{\mu\nu}\omega_{\mu\nu} + \frac{1}{2}m_\omega^2 \omega^\mu \omega_\mu + \frac{1}{4}c_3 (\omega^\mu \omega_\mu)^2 -$$

$$\frac{1}{4}\boldsymbol{\rho}^{\mu\nu} \cdot \boldsymbol{\rho}_{\mu\nu} + \frac{1}{2}m_\rho^2 \boldsymbol{\rho}^\mu \cdot \boldsymbol{\rho}_\mu \qquad (5-1)$$

其中,

$$\omega^{\mu\nu} = \partial^\mu \omega^\nu - \partial^\nu \omega^\mu$$

$$\boldsymbol{\rho}^{\mu\nu} = \partial^\mu \boldsymbol{\rho}^\nu - \partial^\nu \boldsymbol{\rho}^\mu - 2g_\rho \boldsymbol{\rho}^\mu \times \boldsymbol{\rho}^\nu \qquad (5-2)$$

运用 Euler-Lagrange 方程 $\dfrac{\partial \mathcal{L}}{\partial \phi(x)} - \partial_\mu \dfrac{\partial \mathcal{L}}{\partial[\partial_\mu \phi(x)]} = 0$,可以得到核子场的 Dirac 方程:

$$(\mathrm{i}\gamma^\mu \partial_\mu - m - g_\sigma \sigma - g_\omega \gamma^\mu \omega_\mu - g_\rho \gamma^\mu \boldsymbol{\tau} \cdot \boldsymbol{\rho}_\mu)\psi = 0 \qquad (5-3\mathrm{a})$$

以及各介子场的 Klein-Gordon 方程:

$$(\partial^\mu \partial_\mu + m_\sigma^2)\sigma = -g_\sigma \bar{\psi}\psi - g_2 \sigma^2 - g_3 \sigma^3 \qquad (5-3\mathrm{b})$$

$$\partial_\mu \omega^{\mu\nu} + m_\omega^2 \omega^\nu = \bar{\psi}g_\omega \gamma^\nu \psi - c_3 \omega^\mu \omega_\mu \omega^\nu \qquad (5-3\mathrm{c})$$

$$\partial_\mu \boldsymbol{\rho}^{\mu\nu} + m_\rho^2 \boldsymbol{\rho}^\nu = \bar{\psi}g_\rho \gamma^\nu \boldsymbol{\tau}\psi + g_\rho \boldsymbol{\rho}_\mu \times \boldsymbol{\rho}^{\mu\nu} \qquad (5-3\mathrm{d})$$

5.1.1.2 求解核子场运动方程

核物质是一个理想的静态、均匀的无限大系统,核子的波函数可以视为平面波。因此,引入平均场近似之后,对于核子的运动方程,我们做变换 $\psi \rightarrow \mathrm{e}^{-\mathrm{i}k \cdot x}\psi(\boldsymbol{k})$,可以得到:$(\mathrm{i}\gamma^\mu \partial_\mu - m - g_\sigma \sigma - g_\omega \gamma^\mu \omega_\mu - g_\rho \gamma^\mu \boldsymbol{\tau} \cdot \boldsymbol{\rho}_\mu)\mathrm{e}^{-\mathrm{i}k \cdot x}\psi(\boldsymbol{k}) = 0$,即

$$[\gamma^\mu(k_\mu - g_\omega \omega_\mu - g_\rho \boldsymbol{\tau} \cdot \boldsymbol{\rho}_\mu) - (m + g_\sigma \sigma)]\psi(\boldsymbol{k}) = 0 \qquad (5-4)$$

式中,$\boldsymbol{k} \cdot \boldsymbol{x} \equiv k_\mu x^\mu = k_0 t - \boldsymbol{k} \cdot \boldsymbol{r}$。

令

$$K_\mu = k_\mu - g_\omega \omega_\mu - g_\rho \boldsymbol{\tau} \cdot \boldsymbol{\rho}_\mu$$
$$m^* = m + g_\sigma \sigma \tag{5-5}$$

可以得到单核子四维动量的时间分量为

$$\epsilon(\boldsymbol{k}) = k_0(\boldsymbol{k}) = K_0 + g_\omega \omega_0 + g_\rho \boldsymbol{\tau}_3 \cdot \boldsymbol{\rho}_0 \tag{5-6}$$

按照式(5-5)做变量替换,同时将波矢相应替换为 $\boldsymbol{K}$,式(5-4)化成

$$(\gamma^\mu K_\mu - m^*)\psi(\boldsymbol{K}) = 0$$

$$
\begin{aligned}
(\gamma^\mu K_\mu + m^*)(\gamma^\mu K_\mu - m^*) &= \gamma^\mu K_\mu \gamma^\mu K_\mu - m^{*2} \\
&= K_\mu K_\nu \frac{\gamma^\mu \gamma^\nu + \gamma^\nu \gamma^\mu}{2} - m^{*2} \\
&= K^\mu K_\mu - m^{*2}
\end{aligned}
\tag{5-7}
$$

于是有

$$(K^\mu K_\mu - m^{*2})\psi(\boldsymbol{K}) = 0 \tag{5-8}$$

要求 $K_0^2 - \boldsymbol{K}^2 - m^{*2} = 0$, 即

$$K_0^2 = \boldsymbol{K}^2 + m^{*2} \tag{5-9}$$

进一步,可以得到单核子的能量本征值为

$$\epsilon(\boldsymbol{k}) = E(\boldsymbol{k}) + g_\omega \omega_0 + g_\rho \boldsymbol{\tau}_3 \cdot \boldsymbol{\rho}_0 \tag{5-10}$$

其中,

$$E(\boldsymbol{k}) = \sqrt{(\boldsymbol{k} - g_\omega \boldsymbol{\omega})^2 + (m + g_\sigma \sigma)^2} \tag{5-11}$$

5.1.1.3　求解介子场运动方程

由于核物质系统是静态均匀的,且具有空间旋转不变性,矢量介子场只有时间分量的期待值不为零,因此,介子场运动方程可以进一步写为

$$
\begin{aligned}
m_\sigma^2 \sigma &= -g_\sigma \rho_s - g_2 \sigma^2 - g_3 \sigma^3 \\
m_\omega^2 \omega &= g_\omega \rho_v - c_3 \omega^3 \\
m_\rho^2 \rho &= g_\rho (\rho_n - \rho_p)
\end{aligned}
\tag{5-12}
$$

其中,

$$\rho_s = \langle \bar{\psi}\psi \rangle = \sum_{i=n,p} \frac{2}{\pi^2} \int_0^{k_i} k^2 \mathrm{d}k \frac{m+g_\sigma\sigma}{\sqrt{k^2+(m+g_\sigma\sigma)^2}}$$

$$\rho_v = \rho_n + \rho_p$$

$$\rho_n = \frac{k_n^3}{3\pi^2}, \quad \rho_p = \frac{k_p^3}{3\pi^2} \tag{5-13}$$

分别为标量密度、矢量密度、中子密度和质子密度。

5.1.1.4 求解核物质状态方程

由能量-动量张量 $T^{\mu\nu}$ 所得到的能量密度与压强的表达式:

$$\varepsilon = T^{00} = -\langle \mathcal{L} \rangle + \langle \bar{\psi}\gamma_0 k_0 \psi \rangle$$

$$p = \frac{1}{3}T^{ii} = \langle \mathcal{L} \rangle + \frac{1}{3}\langle \bar{\psi}\boldsymbol{\gamma} \cdot \boldsymbol{k}\psi \rangle \tag{5-14}$$

可以推导出

$$\varepsilon = \frac{1}{2}m_\sigma^2\sigma^2 + \frac{1}{2}m_\omega^2\omega_0^2 + \frac{1}{2}m_\rho^2\rho_0^2 + \frac{1}{3}g_2\sigma^3 + \frac{1}{4}g_3\sigma^4 + \frac{3}{4}c_3\omega_0^4 +$$

$$\frac{1}{\pi^2}\left[\int_0^{k_n} k^2\mathrm{d}k\sqrt{k^2+(m+g_\sigma\sigma)^2} + \int_0^{k_p} k^2\mathrm{d}k\sqrt{k^2+(m+g_\sigma\sigma)^2}\right] \tag{5-15a}$$

和

$$p = -\frac{1}{2}m_\sigma^2\sigma^2 + \frac{1}{2}m_\omega^2\omega_0^2 + \frac{1}{2}m_\rho^2\rho_0^2 - \frac{1}{3}g_2\sigma^3 - \frac{1}{4}g_3\sigma^4 + \frac{1}{4}c_3\omega_0^4 +$$

$$\frac{1}{3\pi^2}\left[\int_0^{k_n} \frac{k^4}{\sqrt{k^2+(m+g_\sigma\sigma)^2}}\mathrm{d}k + \int_0^{k_p} \frac{k^4}{\sqrt{k^2+(m+g_\sigma\sigma)^2}}\mathrm{d}k\right] \tag{5-15b}$$

5.1.2 npeμ 物质的状态方程

npeμ 物质是指中子星里含有核子、电子和 μ 子。以重子、介子和轻子为自由度的有效拉氏量可写成:

$$\mathcal{L} = \sum_B \overline{\psi_B}[\mathrm{i}\gamma^\mu\partial_\mu - m_B - g_{\sigma B}\sigma - g_{\omega B}\gamma^\mu\omega_\mu - g_{\rho B}\gamma^\mu\boldsymbol{\tau}\cdot\boldsymbol{\rho}_\mu]\psi_B +$$

$$\frac{1}{2}\partial^\mu\sigma\partial_\mu\sigma - \frac{1}{2}m_\sigma^2\sigma^2 - \frac{1}{3}g_2\sigma^3 - \frac{1}{4}g_3\sigma^4 -$$

$$\frac{1}{4}\omega^{\mu\nu}\omega_{\mu\nu} + \frac{1}{2}m_{\omega}^2\omega^{\mu}\omega_{\mu} + \frac{1}{4}c_3(\omega^{\mu}\omega_{\mu})^2 -$$

$$\frac{1}{4}\boldsymbol{\rho}^{\mu\nu} \cdot \boldsymbol{\rho}_{\mu\nu} + \frac{1}{2}m_{\rho}^2\boldsymbol{\rho}^{\mu} \cdot \boldsymbol{\rho}_{\mu} + \mathcal{L}_{\lambda} \qquad (5-16)$$

式中,狄拉克旋量 ψ_B 用来表示质量为 m_B、同位旋为 τ_B 的重子波函数,下标 B 表示重子,包含质子与中子。质量为 m_{λ} 的轻子 λ（包含 e^-、μ^-）的拉式量 $\mathcal{L}_{\lambda} = \sum_{\lambda}\bar{\psi}_{\lambda}(i\gamma^{\mu}\partial_{\mu} - m_{\lambda})\psi_{\lambda}$,且 $\omega^{\mu\nu}$ 与 $\rho^{\mu\nu}$ 满足关系式(5-2)。

经过类似于核物质中的推导,我们最终可以得到中子-质子-电子-μ子混合物质的能量密度 ε：

$$\varepsilon = \frac{1}{2}m_{\sigma}^2\sigma^2 + \frac{1}{2}m_{\omega}^2\omega_0^2 + \frac{1}{2}m_{\rho}^2\rho_0^2 + \frac{1}{3}g_2\sigma^3 + \frac{1}{4}g_3\sigma^4 + \frac{3}{4}c_3\omega_0^4 +$$

$$\frac{1}{\pi^2}\left[\int_0^{k_n} k^2\,dk\sqrt{k^2 + (m + g_{\sigma}\sigma)^2} + \int_0^{k_p} k^2\,dk\sqrt{k^2 + (m + g_{\sigma}\sigma)^2}\right] +$$

$$\frac{1}{\pi^2}\left[\int_0^{k_e} k^2\,dk\sqrt{k^2 + m_e^2} + \int_0^{k_{\mu}} k^2\,dk\sqrt{k^2 + m_{\mu}^2}\right] \qquad (5-17a)$$

和压强 p：

$$p = -\frac{1}{2}m_{\sigma}^2\sigma^2 + \frac{1}{2}m_{\omega}^2\omega_0^2 + \frac{1}{2}m_{\rho}^2\rho_0^2 - \frac{1}{3}g_2\sigma^3 - \frac{1}{4}g_3\sigma^4 + \frac{1}{4}c_3\omega_0^4 +$$

$$\frac{1}{3\pi^2}\left[\int_0^{k_n} \frac{k^4}{\sqrt{k^2 + (m + g_{\sigma}\sigma)^2}}\,dk + \int_0^{k_p} \frac{k^4}{\sqrt{k^2 + (m + g_{\sigma}\sigma)^2}}\,dk\right] +$$

$$\frac{1}{3\pi^2}\left[\int_0^{k_e} \frac{k^4}{\sqrt{k^2 + m_e^2}}\,dk + \int_0^{k_{\mu}} \frac{k^4}{\sqrt{k^2 + m_{\mu}^2}}\,dk\right] \qquad (5-17b)$$

需要强调的是,上述积分公式中的核子、轻子动量由化学平衡条件 $\mu_{\lambda} = \mu_n - \mu_p$、电中性条件和重子数守恒来确定。

5.2　应用举例：中子星的质量和半径关系

中子星是目前宇宙中发现的最致密星体之一。得益于中子星巨大的物质密度与压强以及超高的磁场等性质,对其包括质量、半径、磁场、物质构成以及演化过程的研究不仅对天体物理有重要的意义,对原子核相关研究领域的进步也有极大的贡献。本节将叙述中子星的形成过程以及中子星的研究历史;介绍牛顿引力平衡方程;考虑广义相对论修正,得到广义相对论流体引力平衡方程(即 TOV 方程);最后用于描述中子星的质量和半径关系。

5.2.1 中子星的形成过程

不同质量的恒星在演化末期会有不同的变化,白矮星是小质量恒星的最终归宿,而中子星和黑洞则分别是大质量以及超大质量恒星的最终演化产物。也就是说,中子星是大质量恒星在演化末期的超新星爆发后剩余的物质形成的致密天体。

大质量恒星内部的氢由于核聚变过程消耗殆尽时,其聚变产物——氦占据了恒星的内部。由于氢比氦轻,所以剩余的氢被挤到外层。随着温度的升高,外层的氢也开始进行核聚变反应。随着热量的产生,星体外层开始膨胀而逐渐形成红巨星。随着核心密度和温度的持续升高,进一步的核聚变得以发生。对于质量为 8 到 30 个太阳质量的恒星,内层的氦会聚变成碳,更内层是碳聚变生成氧……星体内部最终会生成铁元素。星体内部产生铁元素之后,恒星的状态开始发生明显变化。由于铁的聚变是吸热反应,在之前的条件下无法继续进行,内部的状态变得相对稳定。在这种情况下,原子的结构被破坏,并且原子核也不能稳定存在,中子、质子和电子混合到一起,此时内核主要靠电子简并压抵抗引力作用。不过,随着外部持续聚变成铁,铁核心质量、密度不断增加,电子变成相对论性电子。当电子动能达到 β 衰变条件时,其与质子结合形成中子,此时原本的电子简并压快速减小,核心迅速向内塌缩,逐渐形成一个富集中子的硬核。与此同时,外围物质在落向中心的过程中会碰撞到硬核,并向外反弹,这时会发生极强烈的爆炸——超新星爆发(这个过程本章不讨论),核心外的物质全被抛了出去。就这样,剩余的核心物质形成了中子星[60]。

中子星相对于普通恒星,半径非常小,核心的密度非常大,引力作用极其明显,这导致中子星有很多超乎想象的极端性质,比如压强极大、温度极高、自转很快、体积很小、强电(磁)场等。这给超子、K 介子凝聚、自由夸克这些非核子状态的产生创造了条件。所以,中子星被称为理想的天文实验室。研究中子星需要将核物理、粒子物理和天文学结合到一起。

5.2.2　中子星研究的历史

1932 年，中子被卡文迪许实验室的查德威克（Chadwick）发现后不久，朗道（Landau）提出有一类星体可能完全由中子构成。朗道因此成为首次提出"中子星"概念的学者。

1934 年，天体物理学家巴德（Baade）和兹威基（Zwicky）在《物理评论》上发表文章[61]，认为超新星爆发可以将一个普通的恒星转变为中子星，而且指出中子星是恒星演化最终阶段的几种可能情况之一。

最初对中子星进行理论计算的是奥本海默和沃尔科夫。1938 年，他们建立起第一个定量的中子星模型[62]，即理想费米气体模型，不考虑中子之间的相互作用。理论上预言了中子星的存在之后，人们一直没有通过天文观测发现它。一个主要原因是中子星半径太小，距离地球太远，用普通的光学望远镜根本观测不到。而且中子星密度大得超出了当时人们能接受的程度，所以人们普遍对中子星假说抱有怀疑的态度。随着射电天文学的发展，中子星的观测才有了根本的发展。1967 年，英国的射电天文学家休伊什及其学生乔丝琳·贝尔首先发现了脉冲星，该星体发射固定频率的脉冲信号。经过计算，它的脉冲性质（如强度和频率）只有像中子星那样极小体积、超大密度的星体才能达到，即脉冲星就是中子星。这样，中子星的理论计算有了实际观测数据支持。脉冲星的发现被称为 20 世纪 60 年代的四大天文学重要发现之一（其他三项是类星体、宇宙微波背景辐射和星际有机分子）。

此后，科学家对中子星的研究一直没有停止过。天文观测方面，自第一颗脉冲星被发现后，陆续观测到了大量的中子星。目前，科学家在银河系中已经观测到了上千颗中子星，其中已有数十甚至上百颗中子星的质量被成功测量。

按照传统的中子星研究理论，从表面向内部，中子星密度迅速增大。中子星外部有一层很薄的大气层，紧接着内部是由铁原子核为主的晶体组成的壳层（外壳）。当密度进一步增大时，中子星内开始有富含中子的原子核出现。当密度继续增大时，开始有自由中子出现，人们将这一层称为内壳。再往内部即到达核区，由于密度迅速变大，原子核完全解离成为含有少量质子、电子的中子流体。不过,随着人们对致密核物质认识的提高,关于这一部分的构成与粒子之间的相互作用,现在有很多种理论解释,暂时没有定论。

如前所说,中子星由内而外可分为内核、外核、内壳、外壳以及中子星大气层五个部分[63]。而我们所研究的中子星状态方程主要指核(内核与外核)的状态方程。

20 世纪 40 年代末,科学家们发现了一批新的粒子,其中很重要的一类就是超子。超子指的是质量超过核子(质子、中子)的几种含有奇异夸克的重子。与质子、中子一样,所有的超子都是费米子。

后来,随着越来越多的中子星被成功观测,科学家们开始更加关注中子星。20 世纪 80 年代,以 Glendenning 为主的科学家们预测中子星的高密度核心可能存在 Λ、Σ、Ξ 等超子。经过之后几十年科学家们的持续观测与研究,再加上核物理实验水平的提高,人们对中子星内部的认识更为深入,超子物质仍旧被认为是极有可能出现在中子星内部的奇异物质。有关超核的理论研究有很多种,包括微观多体理论——NL 等系列相互作用下的相对论平均场理论、各种 Skyrme 力的非相对论平均场理论,以及唯象的Woods-Saxon 势模型等理论方法。研究表明,考虑超子后,状态方程变软,预言的中子星的最大质量为 $(1.3 \sim 1.7)M_\odot$,小于天文观测到的 $2M_\odot$,即著名的"Hyperons puzzle"。尽管有人提出核子间的三体相互作用会提供排斥力,使得状态方程变硬,达到中子星的最大质量(约为 $2M_\odot$),不过至今仍有争论。

中子星是人类可直接观测到的密度最大的天体,可以提供远远超出地球实验室所能达到的极端物理条件。通过比对理论预言与观测数据验证理论的正确性,可以帮助科学家更加深入地研究核物理、粒子物理的理论以及高密度物质的性质。

5.2.3　牛顿引力平衡方程

中子星是一个非常复杂的系统,为了方便后续研究,我们的模型将其视为一个静态的球对称星体,利用广义相对论修正后的引力平衡方程来描述中子星的结构性质。

这部分将从经典物理学推导恒星的流体静力学平衡方程。考虑一个半径为 R、质量为 M 的球对称恒星。设星体内部距离球心 r 处的密度为 $\rho(r)$，压强为 p，半径 r 的球面内包含的物质质量为

$$m(r) = \int_0^r 4\pi\rho(x)x^2\mathrm{d}x \qquad (5-18)$$

分析星体中半径 r 到 $r+\mathrm{d}r$ 的壳层上面积为 A 的一小块物质的受力情况。它的质量为 $\Delta M = \rho A\mathrm{d}r$，受到向内的万有引力为 $Gm(r)\Delta M/r^2$，受到向外的压力为 $Ap - A(p+\mathrm{d}p) = -A\mathrm{d}p$。根据受力平衡可得

$$\frac{\mathrm{d}p(r)}{\mathrm{d}r} = -\frac{G\rho(r)m(r)}{r^2} \qquad (5-19)$$

式中，G 是万有引力常量。

根据爱因斯坦的质能方程 $E = mc^2$，得到质量密度 ρ 与能量密度 ε 之间的关系如下：

$$\varepsilon(r) = \rho(r)c^2 \qquad (5-20)$$

将式(5-20)代入式(5-18)和式(5-19)，同时将积分形式换成微分形式，可得牛顿引力平衡方程：

$$\frac{\mathrm{d}m}{\mathrm{d}r} = 4\pi r^2\frac{\varepsilon(r)}{c^2} \qquad (5-21)$$

$$\frac{\mathrm{d}p(r)}{\mathrm{d}r} = -\frac{G\varepsilon(r)m(r)}{r^2c^2} \qquad (5-22)$$

5.2.4　广义相对论修正

牛顿引力平衡方程只在经典物理范围内适用。但是中子星的质量非常之大，甚至大到可以扭曲时空，这时就不得不考虑广义相对论效应。

推导广义相对论修正后的流体引力平衡方程很复杂，我们直接引用该公式。在理想流体情形下，对于球对称稳态时空，广义相对论流体引力平衡方程为

$$\frac{\mathrm{d}p}{\mathrm{d}r} = -\frac{G}{c^4} \frac{\left[m(r)c^2 + 4\pi pr^3\right]\left[\varepsilon(r) + p\right]}{r\left[r - 2Gm(r)/c^2\right]} \qquad (5-23)$$

即为 TOV 方程[64],这个名字是以推导方程的科学家 Tolman、Oppenheimer、Volkoff 的名字命名的,p 为压强。对比牛顿引力平衡方程式(5-19),可以看出多了三个修正因子。这三个因子都是正的,说明在每个半径 r 处引力都变大了,即相对论修正增大了引力值。质量的微分方程不变,仍为式(5-21)。这里,TOV 方程组特指式(5-21)与式(5-23)。

TOV 方程可以描述星体在内部压力和自身引力共同作用下的相对论流体静力学平衡状态。当一个球对称各向同性系统的状态方程确定后,TOV 方程可以描述这个系统在引力平衡状态下的结构。

5.2.5　中子星状态方程与质量半径关系

本节基于球形近似下的相对论平均场(relativistic mean field,RMF)理论,利用 NL3[65]、PK1[66]、TM1[67] 三组非线性有效相互作用提供了中子星物质状态方程。具体包括计算了中子和质子的占比与重子数密度的关系,分别如图 5-1 和图 5-2 所示;计算了中子星物质的能量密度和压强与重子数密度的关系,分别如图 5-3 和图 5-4 所示;中子星物质的压强与能量密度的关系如图 5-5 所示。

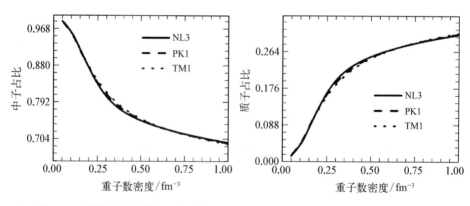

图 5-1　中子星物质的中子占比与
重子数密度的关系

图 5-2　中子星物质的质子占比与
重子数密度的关系

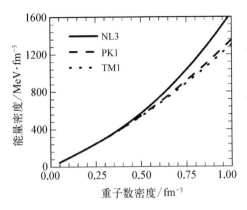

图 5-3 中子星物质的能量密度与重子数密度的关系

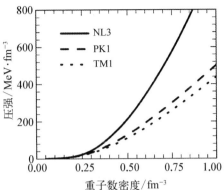

图 5-4 中子星物质的压强与重子数密度的关系

由图 5-1 和图 5-2 可以看出，随着重子数密度的增加，中子所占的分数逐渐减小，而质子的分数逐渐增加。这意味着在中子星中，质子存在而且占一定的比重，也意味着质子对中子星的性质有重要的影响；随着重子数密度增加，即重子被进一步地"挤压"导致更多的中子可能被"挤碎"，从而可以推测，当重子数密度增加到一定程度，组成质子和中子的基本成分——夸克和胶子

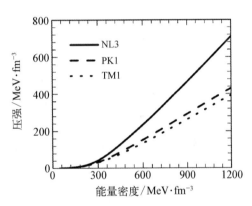

图 5-5 中子星物质的压强与能量密度的关系

可能会摆脱束缚，即中子星的内核可能会由夸克胶子甚至更基本的组分构成。当然，这些猜想有待未来的天文观测与理论计算结果共同验证。

从图 5-3 和图 5-4，我们可以看到，随着重子数密度的增加，中子星物质压强和能量密度也随之增加。值得注意的是，三组有效相互作用给出的中子星物质的低密度行为非常接近，但高密度行为存在较大的差异。事实上，有效相互作用的参数是通过拟合核物质饱和点的大块性质（包括结合能、对称能及其斜率、不可压缩系数等），以及有限原子核质量等信息确定的，因此不同有效相互作用对低密度行为的描述基本一致。但由于缺乏对高密度区核物质的有效约束,特别是缺乏对核物质对称能高密度行为的限制,不同有效相互作用对中子星物质的高密度描述大相径庭[68]。

图5-5给出了中子星物质的状态方程,我们可以发现,三组有效相互作用中,NL3参数组给出最硬的状态方程,TM1参数组给出最软的状态方程,PK1介于两者之间,这与图5-3和图5-4给出的结论一致。

正如我们前面所述,中子星的结构由内而外可以分为内核、外核、内壳、外壳以及中子星大气层五个部分。其中,中子星大气层对中子星质量的贡献微乎其微,因此在本节的研究中,忽略掉中子星大气层的贡献;另外,在我们的研究中,认为中子星的核(内核与外核)是由 npeμ 物质构成的各向同性的均匀物质。因此,在计算时可以采用 npeμ 物质的状态方程;而中子星的壳的结构以及组成成分与核不同,对于壳的状态方程我们采用 BBP[69] 和 BPS[70] 的结果。值得注意的是,近期研究人员基于协变密度泛函理论,通过采用托马斯-费米近似方法,构建了一个从低密度到高密度的自洽的核物质状态方程,为未来深入研究中子星性质提供了准确的输入量[71]。由于在中子星的计算中,高密度部分与低密度部分的状态方程不同,因此,确定壳(低密度)状态方程与核(高密度)状态方程的交界点就成了最后需要完成的工作,此部分详细的内容可以参考文献[72]。一般说来,由于壳状态方程只会对中子星质量半径曲线的低质量部分的行为产生影响,对中子星的最大质量的影响微乎其微,因此在对计算结果的精度没有特殊要求时,可以简单地将高密度与低密度状态方程的交界点确定为 $0.1\ \mathrm{fm}^{-3}$ 进行计算。

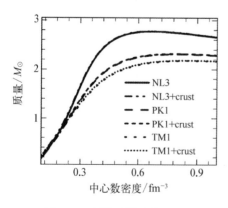

图5-6 星体质量随中心重子数密度的变化关系

图5-6展示了中子星的质量随着星体中心密度演化而变化的曲线,从图5-6中,我们可以看出,在相同的中心密度时,由 NL3 参数组所计算得到的中子星质量比其余两组参数所计算出的中子星质量更大,尤其是在中心密度大于 $0.3\ \mathrm{fm}^{-3}$ 时。另外,所有的质量-中心密度曲线都有着这样的趋势:质量随着中心密度的增加先增加后减小。并且,壳状态方程的引入并未对

中子星的质量产生大的影响。

　　图 5-7 给出了质量和半径关系。可见,壳状态方程对中子星的质量-半径关系曲线的尾部行为产生了很大的影响。一些重要的物理值,比如:中子星的最大质量及其对应的半径、中心密度以及 $M_{star} = 1.4M_\odot$ 时的恒星的半径在表 5-1 中列出。从图 5-5 和表 5-1 中我们发现,状态方程越硬,中子星的最大质量就越大。从图 5-1 和

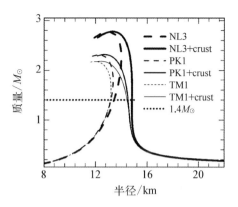

图 5-7　中子星质量随半径的变化关系

图 5-7 可以看出,壳的状态方程对中子星的半径影响很大,而对中子星的质量影响很小,如图 5-6 所示。

表 5-1　中子星的最大质量和相应的半径、中心密度以及
质量为 $1.4M_\odot$ 的恒星的半径

相互作用	$M_{max}/M_\odot$	R_{max}/km	$\rho_c(M_{max})$ / fm^{-3}	$R(1.4M_\odot)$/km
NL3	2.78	13.33	0.675	14.81
PK1	2.31	12.70	0.795	14.51
TM1	2.18	12.43	0.850	14.44

　　本章简要介绍了协变的能量密度泛函理论——相对论平均场理论;假设中子星由中子-质子-电子-μ 子混合而成,从微观的相互作用(NL3、PK1、TM1)出发,考虑化学平衡条件、电中性条件和重子数守恒,得到中子星物质状态方程;然后放进 TOV 方程,进行数值计算,求解得到中子星的质量-半径关系(M-R)。研究表明,状态方程越硬,即中子星物质的能量密度随压强增加而增加的幅度越大,得到的中子星最大质量越大;中子星壳的状态方程,尤其在低压、低密度区域的中子星物质的状态方程,对中子星半径的计算结果影响很大,而对中子星质量的计算结果影响很小。此外,由于中子在一定条件下会衰变为质子,导致中子星内部存在着一定比例的质子。越靠近中子星的中心,重子数密度越大,所含有的质子比例越高。事实上,这与核物质对称能密切相

关。中子星作为一个中子数远远大于质子数的天体,是人们研究同位旋效应和核物质对称能的理想场所。读者可以根据需要,在本章内容的基础上,进一步考虑其他粒子及其相互作用,比如:Λ、Σ、Ξ 等超子、K 介子等,也可以考虑外磁场,研究中子星的超流态等重要前沿课题。

参考文献

[1] Bardeen J, Cooper L N, Schrieffer J R. Theory of superconductivity[J]. Physical Review, 1957, 106: 162 – 164.

[2] Bardeen J, Cooper L N, Schrieffer J R. Theory of superconductivity[J]. Physical Review, 1957, 108(5): 1175 – 1204.

[3] Bohr A, Mottelson B R, Pines D. Possible analogy between the excitation spectra of nuclei and those of the superconducting metallic state[J]. Physical Review, 1958, 110(4): 936 – 938.

[4] Ring P, Schuck P. The nuclear many-body problem[M]. New York: Springer Science & Business Media, 2004.

[5] Bohr A N, Mottelson B R. Nuclear structure[M]. Singapore: World Scientific Publishing Company, 1998.

[6] 曾谨言. 量子力学(卷二)[M]. 北京: 科学出版社, 2014: 448 – 467.

[7] Kerman A K, Lawson R D, Macfarlane M H. Accuracy of the superconductivity approximation for pairing forces in nuclei[J]. Physical Review, 1961, 124(1): 162 – 167.

[8] Nogami Y. Improved superconductivity approximation for the pairing interaction in nuclei[J]. Physical Review, 1964, 134(2B): B313 – B321.

[9] Lande A. Nuclear pairing force and superconductivity wave functions[J]. Annals of Physics, 1965, 31(3): 525 – 547.

[10] Nikšić T, Vretenar D, Ring P. Beyond the relativistic mean-field approximation: configuration mixing of angular-momentum-projected wave functions[J]. Physical Review C, 2006, 73(3): 034308.

[11] Nikšić T, Vretenar D, Ring P. Beyond the relativistic mean-field approximation. II.

Configuration mixing of mean-field wave functions projected on angular momentum and particle number[J]. Physical Review C, 2006, 74(6): 064309.

[12] Volya A, Brown B A, Zelevinsky V. Exact solution of the nuclear pairing problem[J]. Physics Letters B, 2001, 509(1-2): 37-42.

[13] An R, Geng L, Zhang S, et al. Particle number conserving BCS approach in the relativistic mean field model and its application to $^{32-74}$Ca[J]. Chinese Physics C, 2018, 42(11): 114101.

[14] Dietrich K, Mang H J, Pradal J H. Conservation of particle number in the nuclear pairing model[J]. Physical Review, 1964, 135(1B): B22-B34.

[15] Ahn D S, Fukuda N, Geissel H, et al. Location of the neutron dripline at fluorine and neon[J]. Physical Review Letters, 2019, 123(21): 212501.

[16] An R, Shen G F, Zhang S S, et al. Neutron drip line of Z=9-11 isotopic chains[J]. Chinese Physics C, 2020, 44(7): 074101.

[17] Glauber R J. Lectures on theoretical physics[M]. New York: Interscience, 1959.

[18] 叶沿林,杨晓菲,刘洋,等.与 HIAF 装置相关的放射性核束物理研究[J].中国科学: 物理学 力学 天文学,2020,50(11):25-34.

[19] Kobayashi T, Yamakawa O, Omata K, et al. Projectile fragmentation of the extremely neutron-rich nucleus Li 11 at 0.79 GeV/nucleon[J]. Physical Review Letters, 1988, 60(25): 2599-2602.

[20] 孟杰,郭建友,李剑,等.原子核物理中的协变密度泛函理论[J].物理学进展,2011, 31(4):199-336.

[21] Tanihata I, Hamagaki H, Hashimoto O, et al. Measurements of interaction cross sections and nuclear radii in the light p-shell region[J]. Physical Review Letters, 1985, 55(24): 2676-2679.

[22] Hansen P G, Jonson B. The neutron halo of extremely neutron-rich nuclei[J]. EPL (Europhysics Letters), 1987, 4(4): 409-414.

[23] Reinhard P G, Rufa M, Marunh J, et al. Nuclear ground-state propertites in a relativistic Meson-Field theory[J]. Zeitschrift fur Physik A: Atomic Nuclei, 1986, 323(1): 13-25.

[24] Zhang S S, Smith M S, Kang Z S, et al. Microscopic self-consistent study of neon halos with resonant contributions[J]. Physics Letters B, 2014, 730: 30-35.

[25] 陈颖.奇时间形变相对论 Hartree-Bogoliubov 连续谱理论及晕核的研究[D]. 北京: 北京大学,2014.

[26] Nakamura T, Kobayashi N, Kondo Y, et al. Halo structure of the island of inversion nucleus Ne^{31}[J]. Physical Review Letters, 2009, 103(26): 262501.

[27] Gaudefroy L, Mittig W, Orr N A, et al. Direct mass measurements of ^{19}B, ^{22}C, ^{29}F,

^{31}Ne，^{34}Na and other light exotic nuclei［J］. Physical Review Letters，2012，109(20)：202503.

[28] Takechi M，Ohtsubo T，Fukuda M，et al. Interaction cross sections for Ne isotopes towards the island of inversion and halo structures of ^{29}Ne and ^{31}Ne［J］. Physics Letters B，2012，707(3-4)：357-361.

[29] Nakamura T，Kobayashi N，Kondo Y，et al. Deformation-driven p-wave halos at the drip line：^{31}Ne［J］. Physical Review Letters，2014，112(14)：142501.

[30] Sumi T，Minomo K，Tagami S，et al. Deformation of Ne isotopes in the region of the island of inversion［J］. Physical Review C，2012，85(6)：064613.

[31] Horiuchi W，Inakura T，Nakatsukasa T，et al. Glauber-model analysis of total reaction cross sections for Ne，Mg，Si，and S isotopes with Skyrme-Hartree-Fock densities［J］. Physical Review C，2012，86(2)：024614.

[32] 曾谨言.量子力学(卷一)［M］. 北京：科学出版社，2014：413-418.

[33] 赵耀林，晕核散射 Glauber 理论研究［D］. 北京：中国原子能科学研究院，2003.

[34] Miller M L，Reygers K，Sanders S J，et al. Glauber modeling in high-energy nuclear collisions［J］. Annual Review of Nuclear and Particle Science，2007，57：205-243.

[35] Charagi S K，Gupta S K. Coulomb-modified Glauber model description of heavy-ion reaction cross sections［J］. Physical Review C，1990，41(4)：1610-1618.

[36] Zhang S S，Zhong S Y，Shao B，et al. Self-consistent description of the halo nature of ^{31}Ne with continuum and pairing correlations［J］. Journal of Physics G：Nuclear and Particle Physics，2022，49(2)：025102.

[37] Takechi M，Ohtsubo T，Kuboki T，et al. Measurements of nuclear radii for neutron-rich Ne isotopes $^{28-32}$Ne［J］. Nuclear Physics A，2010，834(1-4)：412c-415c.

[38] Zhong S Y，Zhang S S，Sun X X，et al. Study of the deformed halo nucleus ^{31}Ne with Glauber model based on microscopic self-consistent structures［J］. Science China Physics，Mechanics & Astronomy，2022，65(6)：262011.

[39] National Research Council. Connecting quarks with the cosmos：eleven science questions for the new century［M］. Washington，DC：The National Academies Press，2003.

[40] Smartt S J，Chen T W，Jerkstrand A，et al. A kilonova as the electromagnetic counterpart to a gravitational-wave source［J］. Nature，2017，551：75.

[41] Taylor J R. Scattering theory［M］. Hoboken，New Jersey：Wiley，1972：353-356.

[42] Wigner E. Group theory and its application to quantum mechanics of atomic spectra［M］. London：Academic Press，1959：325.

[43] Bertulani C A. RADCAP：A potential model tool for direct capture reactions［J］. Computer Physics Communications，2003，156(1)：123-141.

[44] Casella C, Costantini H, Lemut A, et al. First measurement of the d (p, γ)^{3}He cross section down to the solar Gamow peak[J]. Nuclear Physics A, 2002, 706(1-2): 203-216.

[45] Griffiths G M, Larson E A, Robertson L P. The capture of protons by deuterons[J]. Canadian Journal of Physics, 1962, 40(4): 402-411.

[46] Huang J T, Bertulani C A, Guimaraes V. Radiative capture of nucleons at astrophysical energies with single-particle states[J]. Atomic Data and Nuclear Data Tables, 2010, 96(6): 824-847.

[47] Junghans A R, Snover K A, Mohrmann E C, et al. Updated S factors for the ^{7}Be(p, γ)^{8}B reaction[J]. Physical Review C, 2010, 81(1): 012801.

[48] Nagai Y, Kobayashi T, Shima T, et al. Measurement of the H^2(n, γ)H^3 reaction cross section between 10 and 550 keV[J]. Physical Review C, 2006, 74(2): 025804.

[49] He M, Zhang S S, Kusakabe M, et al. Nuclear Structures of ^{17}O and Time-dependent Sensitivity of the Weak s-process to the ^{16}O (n, γ)^{17}O Rate[J]. The Astrophysical Journal, 2020, 899(2): 133.

[50] Igashira M, Nagai Y, Masuda K, et al. Measurement of the ^{16}O(n, gamma)^{17}O reaction cross section at stellar energy and the critical role of nonresonant p-wave neutron capture[J]. The Astrophysical Journal, 1995, 441: L89-L92.

[51] Zhang S S, Xu S, He M, et al. Neutron capture on ^{16}O within the framework of RMF+ACCC+BCS for astrophysical simulations[J]. The European Physical Journal A, 2021, 57(4): 1-7.

[52] Brillouin L. La mécanique ondulatoire de Schrödinger; une méthode générale de résolution par approximations successives[J]. Comptes Rendus de l'Académie des Sciences, 1926, 183(11): 24-26.

[53] Kramers H A. Wellenmechanik und halbzahlige Quantisierung[J]. Zeitschrift für Physik, 1926, 39(10): 828-840.

[54] Wentzel G. Eine verallgemeinerung der quantenbedingungen für die zwecke der wellenmechanik[J]. Zeitschrift für Physik, 1926, 38(6): 518-529.

[55] Jeffreys H. On certain approximate solutions of lineae differential equations of the second order[J]. Proceedings of the London Mathematical Society, 1925, 2(1): 428-436.

[56] Clayton D D. Principles of stellar evolution and nucleosynthesis[M]. Chicago: University of Chicago press, 1983.

[57] Gunsing F. Introduction to neutron-induced reactions and the R-matrix formalism[J]. Trieste: Joint ICTP-IAEA School on "Nuclear Data Measurements for Science and Applications", 2015.

[58] Xu S Z, Zhang S S. Impact of the decay width in Breit-Wigner formula on Maxwellian-averaged cross section for neutron capture on ^{16}O[C] EPJ Web of Conferences. EDP Sciences, 2022, 260: 11037.

[59] Nagai Y, Kinoshita M, Igashira M, et al. Nonresonant p-wave direct capture and interference effect observed in the ^{16}O(n, γ)^{17}O reaction[J]. Physical Review C, 2020, 102(4): 044616.

[59] 包特木尔巴根, 唐高娃. 中子星研究历史回顾、现状及展望[J]. 南阳师范学院学报, 2009, 8(3): 36-41.

[61] Baade W, Zwicky F. Remarks on super-novae and cosmic rays[J]. Physical Review, 1934, 46(1): 76-77.

[62] Oppenheimer J R, Volkoff G M. On massive neutron cores[J]. Physical Review, 1939, 55(4): 374-381.

[63] Lattimer J M, Prakash M. The physics of neutron stars[J]. Science, 2004, 304 (5670): 536-542.

[64] Tolman R C. Static solutions of Einstein's field equations for spheres of fluid[J]. Physical Review, 1939, 55(4): 364-373.

[65] Lalazissis G A, König J, Ring P. New parametrization for the Lagrangian density of relativistic mean field theory[J]. Physical Review C, 1997, 55(1): 540-543.

[66] Long W, Meng J, Van G N, et al. New effective interactions in relativistic mean field theory with nonlinear terms and density-dependent meson-nucleon coupling [J]. Physical Review C, 2004, 69(3): 034319.

[67] Sugahara Y, Toki H. Relativistic mean-field theory for unstable nuclei with non-linear σ and ω terms[J]. Nuclear Physics A, 1994, 579(3-4): 557-572.

[68] Sun B Y, Long W H, Meng J, et al. Neutron star properties in density-dependent relativistic Hartree-Fock theory[J]. Physical Review C, 2008, 78: 065805.

[69] Baym G, Bethe H A, Pethick C J. Neutron star matter[J]. Nuclear Physics A, 1971, 175(2): 225-271.

[70] Baym G, Pethick C, Sutherland P. The ground state of matter at high densities: equation of state and stellar models[J]. The Astrophysical Journal, 1971, 170: 299-317.

[71] Xia C J, Sun B Y, Maruyama T, et al. Unified nuclear matter equations of state constrained by the in-medium balance in density-dependent covariant density functionals[J]. Physical Review C, 2022, 105: 045803.

[72] Liu Z W, Qian Z, Xing R Y, et al. Nuclear fourth-order symmetry energy and its effects on neutron star properties in the relativistic Hartree-Fock theory[J]. Physical Review C, 2018, 97: 025801.

附录　特殊单位及单位换算

由于天文学中的物理量数值很大,因此往往使用一些特殊的单位。第 5 章中使用的单位以及换算关系如下:

长度单位: $1 \text{ fm} = 10^{-15} \text{ m}$

质量单位: $1 M_{\odot} = 1.989\,1 \times 10^{30} \text{ kg}$

能量单位: $1 \text{ MeV} = 1.602\,2 \times 10^{-13} \text{ J}$

能量密度单位: $1 \dfrac{\text{MeV}}{\text{fm}^3} = 1.602\,2 \times 10^{32} \dfrac{\text{J}}{\text{m}^3}$

中子静质量能量: $m_{\text{N}}\, c^2 = 939.565\,63 \text{ MeV}$

电子静质量能量: $m_{\text{e}}\, c^2 = 0.511\,00 \text{ MeV}$

约化普朗克常量: $\hbar c = 197.327\,05 \text{ MeV} \cdot \text{fm}$

万有引力常量: $GM_{\odot}/c^2 = 1.473 \text{ km}$

索　引